LES
POULES
BONNES PONDEUSES

RECONNUES

AU MOYEN DE SIGNES CERTAINS

ET

INDICATIONS PRATIQUES

POUR FAIRE DES POULETS ET DES VOLAILLES GRASSES,

PAR

L. PRANGÉ

Vétérinaire, Membre titulaire de la Société Nationale et Centrale
de Médecine Vétérinaire, etc.

———— ❂ ————

PARIS

DUSACQ, LIBRAIRIE AGRICOLE DE LA MAISON RUSTIQUE
RUE JACOB, N° 26
ET CHEZ TOUS LES LIBRAIRES DE LA FRANCE ET DE L'ÉTRANGER.

—

1852

A MONSIEUR D. PATTÉ

DOCTEUR EN MÉDECINE.

Cher Docteur.

C'est vous donner ici un bien faible gage de ma reconnaissance que de vous offrir la dédicace de ce petit livre. N'est-ce pas à vos conseils éclairés que je dois d'avoir pu le composer? En effet, vos études si remarquables sur la coloration des poils et de la peau, chez l'homme et les animaux, m'ont servi de guide pour mener jusqu'au bout l'œuvre que j'ai entreprise.

Si cet ouvrage est appelé à quelque succès, si on lui reconnaît quelque mérite, au nom de notre amitié, attribuez-vous-en une large part, et veuillez croire aux sentiments d'estime de

Votre tout dévoué

L. PRANGÉ.

Paris, le 20 Mars 1852.

LES

POULES

BONNES PONDEUSES.

Imp Maulde et Renou, r. Fossés S.-G. l'Aux. 14.

PRÉFACE

Jusqu'à présent les auteurs qui ont parlé de l'éducation lucrative des poules, ont négligé de faire connaître positivement comment il faut choisir les animaux qui doivent composer les troupeaux d'exploitation. Plusieurs personnes ont avancé que l'éducation lucrative des poules serait toujours laissée au hasard, à l'incertain, tant qu'on n'aurait pas les moyens de reconnaître celles qui sont bonnes pondeuses. Cette dernière considération a fait depuis longtemps le sujet de nos observations et de nos études. Aujourd'hui nous faisons connaître une méthode simple, courte et facile à démontrer. Cette méthode est basée sur la connaissance, l'appréciation, la description d'organes extérieurs que tout le monde connaît. Ces organes sont le disque de l'oreille ou l'oreillon, la crête, les barbillons, etc.... Leur disposition particulière, leur couleur, les relations qui les lient, avaient échappé jusqu'à présent à l'observation des praticiens. Ainsi nous arrivons à dire positivement que les signes qu'ils présentent, font connaître qu'une poule pond beaucoup, peu ou pas. De là nous passons par une transition ménagée à la description des particularités relatives aux volailles, qu'il y a avantage à élever pour faire des poulets. Nous indiquons ensuite quels animaux peuvent et doivent être lucrativement engraissés.

Ce petit livre n'aborde que les points pratiques, que ceux qu'il est indispensable de connaître ; il n'a donc pas toujours été possible de citer tout ce qui a été écrit sur les poules. On verra cependant que rien d'important n'a été omis. A cette occasion, qu'il nous soit permis d'adresser nos sincères remerciments à M. Doguin de St-Preux, pour l'empressement éclairé et bienveillant qu'il a toujours mis à nous fournir les livres que nous avions besoin de consulter à la Bibliothèque nationale.

INTRODUCTION.

Le coq et la poule, de l'ordre des gallinacés, sont des oiseaux de basse-cour précieux par les produits variés qu'ils fournissent à l'homme. La viande, la graisse, les œufs et les plumes sont les principaux points sur lesquels l'industrie agricole et particulière s'exerce pour prélever des bénéfices réels. Il existe des livres nombreux qui traitent du coq et de la poule. Le plus souvent, les détails qui concernent ces oiseaux sont renfermés dans des traités généraux, des dictionnaires, des maisons rustiques. On trouve peu de livres qui aient traité spécialement du coq et de la poule. Prudent le Choyselat de Sezanne fit paraître à Paris, en 1569, un opuscule sous ce titre : *Discovrs œconomique, non moins vtile que récréatif, monstrant comme de cinq cens liures pour vne foys employées, l'on peult tirer*

*par an quatre mil cinq cens liures de proffict hon-
neste, qui est le moyen de faire profiter son argent.* Ce titre nous fait involontairement penser
à l'art d'élever les lapins et de s'en faire trois
mille livres de rente ; mais en moins de huit ans,
le *Discovrs œconomique* de le Choyselat eut huit
éditions successives. C'est un petit livre sérieux
en style d'Amyot, traducteur de Plutarque ; il y
a des formes de raisonnement qui rappellent le
curé de Meudon et le sagace Montaigne. Par
dessus tout, c'est un petit livre d'une exquise
bonne foi, serré, substantiel ; le seul sérieux qui
jusqu'à ce jour ait parlé de la manière d'élever
profitablement les poules. Mais les calculs sur
lesquels il s'est appuyé sont erronés, ces erreurs
ont été signalées par la plupart des auteurs qui
l'ont suivi, et qui ont fait de larges coupes dans
le *Discovrs œconomique.* Depuis le Choyselat cependant, l'agriculture, la médecine vétérinaire,
les arts et les sciences qui s'y rattachent ont fait
d'immenses progrès, et peuvent permettre de
faire maintenant un petit livre aussi utile, peut-
être, mais plus complet que celui de cet honora-
ble devancier. Ces données scientifiques, comme
toutes les choses vraies, peuvent s'exprimer
simplement et être comprises de tous. Depuis

longtemps, nous pensions à rechercher si des signes particuliers ne pouvaient pas faire connaître la fécondité des poules et l'aptitude du coq
comme producteur. Après avoir interrogé les
conditions de coloration, et recherché le nombre relatif des plumes; après avoir noté les qualités de l'épiderme qui revêt les pattes, nous
nous trouvions en dehors de toute conclusion
raisonnable. Mais il en fut tout autrement quand
la crête, les barbillons et le disque de l'oreille
furent considérés dans leurs relations; là se trouvait toute la vérité. On sait que depuis longtemps
les ménagères, les éleveurs de poulets, estiment
les poules qui ont une forte crête, raide, gonflée
et rouge; mais ce n'est qu'un point très incomplet
de la question, il ne suffit pas d'ailleurs que
cette couleur soit rouge, elle doit être parfaitement tranchée, puisqu'elle forme un caractère fondamental. La crête et les barbillons
sont des ornements qui peuvent varier de volume,
comme les organes de la génération de l'homme
et des animaux, comme les mamelons de la femme
et le trayon des femelles laitières. Quand la poule
va bientôt pondre, sa crête, qui depuis longtemps
était flasque et pendante, commence à se gon-
fler; elle était d'un rouge sale, elle devient pres-

que écarlate. **Les sinuosités et tous les festons** de ce tissu, que les anatomistes appellent *érectile*, s'animent, s'injectent, semblent devenir plus vivants. En même temps, chose singulière et digne d'une bien grande attention, le disque placé en dessous et en arrière du conduit extérieur de l'oreille, change également de couleur. Ce disque, variable par sa forme et par son étendue, est plissé chez quelques poules; il offre même de nombreux replis; dans la pintade, il affecte une forme particulière et très développée. Pendant que la crête se décolore, ce disque devient rougeâtre; autrefois couvert d'un épiderme blanchâtre plus ou moins épais, il semble moins protégé, et le sang abonde dans les couches les plus extérieures de ce petit organe. Au contraire, quand la crête rougit, quand elle s'anime, la coloration du disque s'efface et il passe du rouge vif au rouge terne; plus tard la surface se recouvre de petites lames d'épiderme; et enfin, quand la poule est au maximum de la ponte, le disque de l'oreille est recouvert d'une production blanchâtre, grenue, fendillée, épaisse, d'un blanc mat, semblable à celui de ces petits pelotons de farine qu'on trouve dans le pain mal cuit et mal pétri. Il est hors de doute que ces changements de coloration sont une conséquence de l'exercice plus fréquent des organes qui servent à former, à perfectionner et à expulser les œufs. Une simple comparaison ferait parfaitement comprendre ce qui vient d'être dit. Quand dans le corps des animaux un tissu particulier se trouve disséminé dans des points très variés, il suffit qu'une masse plus ou moins considérable de ce tissu soit enflammée ou excitée pour que tous les autres s'enflamment ou s'excitent à la fois, témoin le rhumatisme. Mais sans sortir du sujet, est-ce que chez les femelles domestiques, au temps du rut, quand les organes de la génération sont gonflés, les mamelles ne sont pas alors plus volumineuses, le mamelon et le trayon plus développés? Sans doute des considérations de physiologie d'un ordre très important pourraient encore donner à ce fait un plus grand degré d'évidence ; mais nous tenons surtout à parler pour tous ; les vétérinaires, les médecins, les savants nous sauront peut-être gré de notre silence et penseront pour nous.

Nous dirons de plus que d'autres signes peuvent prêter un concours de certitude à l'état de la crête, des barbillons et du disque auriculaire. Une poule bonne pondeuse a toujours le derrière , qu'on nomme vulgairement cul-de-poule, très développé, configuré en artichaut; les plumes sont disposées en une touffe d'autant plus proéminente et large, que la ponte est plus fréquente. Ceci se comprend d'autant plus facilement, qu'alors les organes générateurs étant plus souvent en action, ils prennent un plus grand développement. En outre, le cloaque, cavité dans laquelle l'œuf se perfectionne, et dans laquelle viennent se rendre les matières fécales, subit des changements qui influent sur la qualité des excréments. Tant que la poule est dans la ponte, et surtout tant qu'elle est dans le maximum de la production, les excréments contiennent peu d'une matière blanchâtre calcaire qu'on y remarque en grande quantité quand les poules ne pondent pas ou qu'elles sont mauvaises pondeuses.

Le renflement du cul-de-poule est un signe connu par beaucoup de ménagères; elles considèrent que les poules chez lesquelles on rencontre cette particularité, sont à ce moment pondeuses; elles n'infèrent pas cependant de ce signe que la poule est plus ou moins pondeuse. Pour nous qui avons sérieusement étudié ce point, ce n'est pas toujours le développement plus ou moins considérable du bourrelet anal qui indique les bonnes pondeuses ; mais nous avons presque toujours vu que lorsque le cul-de-poule est en artichaut les poules sont bonnes pondeuses. C'est un signe d'une grande valeur, mais qui n'a cependant pas l'importance et toute la certitude des inductions que peuvent fournir la crête et le disque.

Il est incontestable que la poule commune, de toutes la plus répandue, la plus généralement élevée dans nos pays, et de toutes aussi la plus profitable, fournit les meilleures pondeuses, s'engraisse facilement, acquiert par une alimentation convenable un rapide développement qui permet de l'utiliser pour la chair. C'est sur cette espèce précieuse que notre observation a souvent porté, bien que nous ayons recherché avec empressement l'occasion d'observer toutes les races et toutes les espèces de poules anciennement et nouvellement élevées en France.

Ces faits une fois acquis, il était, comme on le voit, d'une simplicité très grande de les contrôler, d'en varier l'observation à l'infini et d'acquérir des matériaux considérables avec des conclusions mûres et certaines. Depuis quatre années, il nous serait presque impossible de dire combien de fois nous avons vu se confirmer l'enchaînement toujours uniforme du même fait. Souvent nous avons indiqué à des éleveurs, à des fermières, à des ménagères leurs meilleures poules, les bonnes pondeuses. Souvent aussi, à une époque où il n'est pas ordinaire de voir pondre les poules, nous avons désigné à plusieurs personnes des poules qui pondaient alors. C'étaient toujours les considérations tirées de la coloration, du gonflement de la crête et des conditions du disque de l'oreille qui nous permettaient cette facile affirmation. Quand nous eûmes bien des fois vérifié par les renseignements qui nous étaient fournis la valeur de cette petite méthode, nous en avons parlé à des vétérinaires, à des médecins, et nous les avons mis à même de constater ce que nous avons si souvent observé. Désireux de consacrer la vérité et de pouvoir l'offrir avec garantie, nous avons soumis notre observation au contrôle éclairé de M. Bella, directeur de l'école régionale de Grignon ; en sa présence, devant M. Alibert, professeur de zootechnie à la même école, et au milieu de beaucoup d'élèves, nous avons, sur plusieurs poules, démontré notre observation, nous n'avons reçu que des confirmations, que des encouragements, que des invitations à publier les caractères de la poule bonne pondeuse.

Non loin de là, nous avons communiqué les mêmes faits à M. Goubaux, professeur d'anatomie et de physiologie à l'école nationale vétérinaire d'Alfort, et à M. Raynal, chef de clinique à la même école. Au milieu d'un troupeau nombreux de poules, nous leur avons désigné les meilleures pondeuses, et lorsqu'ils nous eurent demandé par quel procédé nous arrivions à une certitude aussi positive, nous leur démontrâmes les signes dont nous avons déjà parlé ; ils purent se convaincre de la facilité avec laquelle on les constate et des avantages nombreux qu'on peut en tirer. Plus tard, nous ne manquerons point de faire observer avec quelques détails, combien ces signes sont importants, non seulement sous le rapport de la plus grande production possible des œufs, mais encore pour la facilité d'améliorer les espèces de la poule commune, et de perpétuer, par des choix éclairés, des races perfectionnées, lesquelles pourront offrir aux éleveurs une plus grande production, soit qu'ils recherchent les œufs, la chair ou la graisse.

Par la crête, les barbillons, le disque auriculaire, sérieusement observés, on prouve donc que chez les volailles, comme chez les mammifères, l'excitation des organes génitaux met en relief, et en surabondance, la vie de certains organes souvent éloignés du centre générateur. Ces organes sont surtout constitués par une grande proportion de tissu vasculaire. Tous les excitants qui peuvent avoir une action directe sur le système vasculaire sont donc des points importants à considérer, et plus tard, lorsqu'il sera question de l'éducation des poules, de leur alimentation, on verra qu'à l'aide de certains aliments et par le choix de plantes communes et très vulgaires en France, il est facile d'exciter la poule, de la rendre plus facilement pondeuse, quand cette faculté vient à s'engourdir et à s'éteindre momentanément.

Il serait sans doute curieux de constater chez plusieurs animaux l'influence de la fécondité par rapport aux plumes et au pelage. Chez beaucoup de singes, pendant le rut, la partie interne des cuisses, les fesses et les testicules deviennent bleuâtres; dans beaucoup d'oiseaux, les plumes sont plus nombreuses, plus lustrées et d'une coloration plus foncée. Mais ce n'est point un livre savant que nous avons besoin de faire. Avant nous, on a traité de l'éducation lucrative des poules, on a dit et répété que si les poules recevaient des soins convenables , elles pourraient donner infiniment de profit, et que par leur éducation exclusive on pourrait, par une petite mise de fonds, arriver jusqu'à la fortune. Alonzo de Herrera, dans le liv. 5 de son *Agriculture*, au chap. 16me, le dit expressément. Don Francisco Dieste y Buil, qui a fait un *Traité économique* sur l'éducation des poules, divisé en trois discours, le répète souvent et en donne de nombreuses démonstrations appuyées de calculs minutieux. Il se plaint que cette partie de l'économie rurale, par un préjugé déplorable, ait été pour ainsi dire abandonnée à des servantes et à des filles de ferme, comme si le soin de la volaille ne méritait pas une attention sérieuse de l'homme, qui doit rechercher avec zèle tout ce qui peut être utile à son pays.

D'un autre côté, il faut l'avouer, on a bien souvent exagéré les bénéfices que les poules peuvent donner; c'est par de telles appréciations, c'est en dénaturant la vérité, qu'on porte les coups les plus cruels au progrès réel, à l'esprit de propagande utile. Ce n'est pas sans soins, sans attention , sans données certaines, sans idées mûrement étudiées, et sans une méthode vraiment pratique, qu'il est possible de retirer de l'éducation des poules des avantages réels. Il entre peu dans la nature de notre esprit de faire la critique des différents systèmes qui ont été proposés pour élever les poules, nous avons été à même de voir les choses pratiquement, nous avons connu des vétérinaires qui exercent avec distinction dans les meilleurs pays d'élèves ; nous avons vu à Bois-d'Arcy, à Trappes et dans beaucoup de fermes, en même temps que chez plusieurs éleveurs, tout ce qu'il est à peu près utile de connaître pour apprécier les faits et les assertions à leur juste valeur. Nous dirons donc sans amertume et sans aucune espèce d'intention critique, qu'à part le *Discours œconomique* de le Choyselat, qui renferme du reste plusieurs erreurs fondamentales, il y a peu de livres pratiques, peu d'écrits fondés sur l'observation directe, en ce qui concerne l'éducation des poules. Nous nous efforcerons donc de faire mieux et d'offrir, avec une méthode d'observation simple et facile, les moyens d'arriver à des résultats vraiment économiques.

L'érudition trop fouillée serait pour ainsi dire déplacée dans une matière aussi simple ; nous rappellerons avec Montaigne, qu'à propos d'un tout petit lopin, il ne faut pas décrire le monde entier; cependant, quand cette érudition se présentera à nous, débonnaire et de facile entente, nous l'accueillerons puisqu'elle ne pourra point tourmenter la mémoire des lecteurs.

Au fait, serait-il donc hors de propos de raconter que Cicéron, au liv. 4 des *Questions académiques*, rapporte que dans l'île de Delos beaucoup d'insulaires se livraient à l'éducation des poules, à cause des nombreux avantages qu'ils en retiraient. Ce fait isolé, auquel nous reviendrons plus tard avec quelques développements, n'apparaît ici que comme assertion, et nous tâcherons toujours de donner des observations puisées à des sources vraiment originales. Cicéron était un grand orateur, mais pour nous, en ce qui concerne les poules, Columelle, le célèbre agronome de l'antiquité, nous paraîtra toujours supérieur au père de la patrie de l'ancienne Rome.

CHAPITRE I.

Historique.

Nous ne rechercherons pas les points subtils de l'histoire. Une infinité de ces détails peuvent intéresser des académiciens et des savants; ces détails sont très utiles, sans doute, mais ils ne peuvent trouver place ici.

C'est une vérité presque banale que la poule est connue dès la plus haute antiquité. Cependant son origine première, comme celle du blé et des substances les plus utiles, est couverte d'une obscurité, que les récits contradictoires des historiens contribuent à rendre impénétrable. Quand on cherche à savoir si ce précieux volatile était naturellement répandu dans le

Nouveau-Monde, on trouve encore tant de récits fabuleux, de si nombreuses dissidences, qu'on ne sait quelle opinion raisonnable se former. Oviedo raconte sur la poule certaines particularités auxquelles on pourrait ajouter quelque créance, si cet auteur n'était pas considéré comme peu véridique par tous les médecins qui ont écrit sur la syphilis. Aristote est consulté par tous ceux qui veulent parler de tout ; il y a peu d'opinions qui ne se trouvent en germe dans ses volumineux écrits. Pline fait un éloge pompeux des œufs, de leurs avantages, de leurs variétés, de leur emploi ; c'est à lui que nous devons une historiette qui figure dans une multitude de livres. L'impératrice Livie, pendant une grossesse, voulait avec toute l'ardeur d'une jeune femme savoir si elle accoucherait d'un enfant mâle. Pour en obtenir le présage elle échauffa dans son sein un œuf qu'elle donnait à une de ses femmes qui l'échauffait de la même manière lorsqu'elle était obligée de le quitter.

Suétone, qui rapporte la même anecdote, assure qu'il sortit de cet œuf *un petit coq avec une très jolie crête.*

Nous ne contestons pas le fait, il a été reproduit de la même manière dans plusieurs circonstances ; c'est à cette source que les auteurs comiques, que Boccace, Lafontaine et plusieurs autres fabulistes, ont sans doute puisé l'idée de l'homme qui pond. Cependant l'addition de Suétone, en ce qui concerne la crête du jeune coq, nous paraît un détail de fantaisie.

Chez les anciens, la poule et le coq étaient le sujet d'une certaine superstition ; les poules mangeaient-elles avec appétit quand il était question de décider un fait grave, on en tirait un bon augure ; les coqs étaient employés aussi à certaines divinations qui consistaient à inscrire dans des carrés les lettres de l'alphabet en même temps qu'on y déposait différentes sortes de graines. Après un certain temps, lorsque le coq à jeun avait mangé une certaine quantité de graines, on supputait par la prétendue signification des lettres, la nature de l'événement à venir. Les œufs devaient aussi faire naître certaines idées du même genre. Au livre 2, à la question 3ᵐᵉ des *Propos de Table* : lequel a été le premier, la poule ou l'œuf ? Plutarque commence ainsi : « Il y avoit ia
« longtemps que ie m'abstenois de manger des
« œufs à raison de quelque songe que i'auois eu,
« voulant bien faire ceste espérience en vn œuf
« comme on le fait en vn cœur, pour vne vision

« qui m'estoit par plusieurs fois bien éuidemment
« aparu en dormant. »

Suivant les idées d'Orphée, de Pythagore, de
Platon et de plusieurs auteurs anciens qui avaient
écrit sur la formation du monde, l'œuf étant un
principe de génération comme la cervelle et le
cœur, devait être respecté comme chose sacrée,
et pour en manger, disaient même certains disci-
ples de Pythagore, il fallait être aussi scélérat que
celui qui mangerait la cervelle de son père. Plutarque, dans ses *œuvres mêlées* au livre de la
Charité naturelle, parle encore des mœurs de
la poule.

Le coq, la poule et les œufs ont figuré avec
honneur dans le paganisme, soit comme symbole,
soit comme attribut. Dans l'ordre dorique, l'ar-
chitecture grecque a placé l'œuf comme orne-
ment; enfin, la médecine ancienne retirait de
ces animaux, de leurs parties constituantes ou
de leurs produits, des médicaments auxquels on
attribuait une grande efficacité. Si l'on voulait
avoir un bouillon de coq purgatif, on avait soin
de poursuivre l'animal, de le fatiguer, de le faire
courir jusqu'à ce que mort s'en suivît. Mais
à part quelques détails sur la couleur des plumes,
et la disposition de la crête, les anciens n'avaient

aucune notion précise sur le choix à faire dans les poules, comme pondeuses. Nous avons déjà dit cependant, au rapport de Cicéron, que dans une des Cyclades, les habitants se livraient en grand à l'éducation des poules, et qu'ils faisaient des bénéfices considérables. On trouve çà et là dans beaucoup d'auteurs anciens des faits du même genre. En général, les notions sur la manière de nourrir ces animaux, de les soigner en état de santé et de maladie sont différentes, entremêlées de préjugés, d'erreurs ; on y trouve une naïve crédulité poussée jusqu'à l'extrême. Les Egyptiens, dès la plus haute antiquité, apprenaient de leurs prêtres la manière de faire éclore artificiellement des poulets. Cette méthode était surtout nécessitée par la rareté des œufs ; les poules pondant généralement peu à cause de la chaleur et d'autres conditions naturelles au climat. Ces méthodes d'incubation artificielle conservées par tradition, relatées par A. Galand et par d'autres voyageurs, se sont conservées jusqu'à nos jours, et pendant la campagne d'Egypte, beaucoup de personnes ont pu voir chez les Berméens surtout, et dans la Haute-Egypte, de nombreux fours à poulets. En outre, on trouve encore des ruines de ces constructions nommées *mamals* ou *couvoirs d'Égypte*. Ces faits, les détails relatifs à l'incubation artificielle, se trouvent expliqués et décrits dans beaucoup d'auteurs modernes qui ont visité l'Égypte; plusieurs d'entre eux ont donné des plans figuratifs très clairs et très détaillés, plans à l'aide desquels il est facile de suivre les opérations et les différentes phases de l'incubation artificielle.

Pour les généralités de l'éducation des poules, on trouve d'excellentes idées dans la *Maison rustique* de Charles Etienne, dans le *Théâtre d'agriculture* d'Olivier de Serres; vient ensuite Prudent le Choyselat, qui, dans son *Discovrs œconomique* déjà cité, résume en peu de mots les notions éparses sur ce sujet depuis l'antiquité jusqu'à lui. Des traités généraux, des articles de dictionnaire, paraphrasent presque tous ces détails; on y trouve des considérations d'histoire naturelle fort intéressantes, sans doute, mais elles n'éclairent nullement la question économique. Nous citerons avec éloge un *Manuel* sur l'éducation des poules, puis un travail publié dans ces derniers temps dans le journal d'*Agriculture pratique*, par madame Cora Millet Robinet. On y rencontre des appréciations judicieuses, une critique saine et portant juste, mais la question économique n'est pas ici plus avancée, car, après cette lecture, on ne possède encore aucun des signes positifs à l'aide desquels on peut connaître les poules bonnes pondeuses, et plus tard, nous démontrerons dans le chap. IV, quelles conséquences simples et profitables découlent naturellement de ces signes bien appréciés.

CHAPITRE II.

**Histoire naturelle du Coq et de la Poule au point de vue écono-
mique; notions anatomiques sur la castration des coqs et des
poules.**

Le coq et la poule sont généralement trop connus pour qu'on ait besoin d'en donner une description minutieuse et détaillée. Ces oiseaux gallinacés, connus dès la plus haute antiquité, ont
été, au rapport de la plupart des voyageurs,
rencontrés dans tous les points du monde connu,
à l'état de domesticité. Les avantages que l'homme
retire de ces animaux expliquent la précaution
qu'on a toujours eu d'en faire une ample provision quand on voulait fonder une colonie. Sous
toutes les latitudes, le coq et la poule se ren-
contrent avec des différences de races, de développement, de fécondité, de plumage, de coloration, qui sont en rapport avec les conditions

naturelles du climat. En général, les trop hautes ou les trop basses températures influent sur la fécondité d'une manière bien notable. Dans certaines de ces conditions le plumage offre des dispositions vraiment remarquables, en même temps la conformation extérieure de ces volatiles semble plus ou moins atténuée. Telle est en général l'influence des contrées froides. Dans les localités où la chaleur est très considérable et l'état hygrométrique de l'atmosphère très prononcé, ces animaux tendent à la graisse ; souvent même le jeu de la vie se ralentit par l'action de cette chaleur humide trop prononcée, et ce n'est alors qu'avec des efforts aussi coûteux que persévérants qu'on peut continuer à élever des poules. Une infinité de races curieuses devrait ici donner lieu à une classification plus ou moins intéressante ; mais en théorie comme en pratique, à la ville et aux champs, on répète partout avec vérité que la poule commune est de toutes celles connues la meilleure pour les œufs, pour la chair, pour l'engraissement ; elle est plus fournie de plumes ; elle s'acclimate plus facilement que les autres variétés ; elle est plus sobre, plus rustique, plus facile à nourrir. En général, elle a moins souvent des maladies graves ; elle exige peu de soins ; et c'est sur sa description que se sont appuyés tous les auteurs praticiens qui ont traité de l'éducation lucrative des poules. Cependant nous offrirons, pour satisfaire la curiosité de quelques lecteurs, une courte nomenclature des plus précieuses races de poules, classées d'après leur ordre de facilité pour l'élève et d'après leurs avantages pour le propriétaire. Cette énumération se trouvera à la fin du présent chapitre.

D'après ce qui précède, et surtout en consultant Aristote, Pline, Buffon, Dampier, Tavernier, Temminck, Acosta et plusieurs autres naturalistes voyageurs ou agriculteurs, on voit que la poule peut vivre sous toutes les latitudes ; mais en lisant avec plus d'attention ces différents auteurs, on trouve les faits d'accord avec ce que le simple raisonnement peut faire prévoir ; c'est-à-dire que les latitudes tempérées sont surtout propices à la propagation de la poule. Les climats humides sont en général peu favorables. De ces considérations générales il est très simple de conclure, comme nous le ferons plus tard avec de plus grands détails, que le poulailler doit toujours être situé dans un endroit sec, à l'abri des vents froids et humides, que l'air doit y circuler avec facilité.

3*

Il nous semble utile de donner ici quelques détails sur la digestion de ces oiseaux, afin de conduire plus naturellement aux principes qui devront servir de base pour l'alimentation. On a voulu conclure de la forme du bec, de la disposition des mandibules, que la poule est un oiseau carnivore ; mais la simple observation et les méthodes suivies pour arriver plus promptement à l'engraissement prouvent par le fait que c'est un oiseau essentiellement granivore. Du reste, la disposition de son jabot, la conformation de son gésier, la fréquence des maladies, fournissant pour produit des concrétions calcaires, prouvent encore que les graines doivent former la base de la nourriture de la poule. Les grains contiennent, en général, une grande proportion de phosphate calcaire, et de carbonate de chaux. Le phosphate est employé à l'entretien du système osseux dont la vitalité est si considérable dans ces sortes d'oiseaux ; le carbonate se retrouvera en grande proportion dans l'enveloppe solide des œufs ; les excréments analysés par Vauquelin prouvent au moins en partie ce que nous avançons. En effet, dans la poule pondeuse, les excréments ne contiennent qu'une petite proportion de calcaire, et cette substance prédomine quand la poule cesse de pondre. Le coq ne présente, à cet égard, rien de particulier, sinon que ses excréments en toutes saisons renferment une quantité à peu près égale de sels calcaires. Ces oiseaux peuvent se nourrir pendant plus ou moins longtemps des substances les plus variées; mais il est encore à remarquer que, si l'alimentation est fournie en vert exclusivement ou en viandes plus ou moins apprêtées, l'enveloppe des œufs est plus mince, plus friable ; qu'ils se conservent moins facilement, ne peuvent pas être transportés, et deviennent ainsi des non-valeurs plus ou moins considérables dans le commerce qu'on peut en faire. Si l'on veut destiner la poule à la production des œufs, il est donc indispensable, par toutes les considérations qui précèdent, de lui fournir les matériaux dont elle a besoin pour produire ses œufs. Si l'on veut par le développement rapide du corps de l'oiseau obtenir un produit, en considération de la chair, on ne fera jamais de meilleurs poulets qu'en donnant encore une assez grande proportion de grains secs. C'est le meilleur moyen de développer rapidement le système osseux, de lui faire prendre de larges surfaces. Plus tard, à l'aide de ces proportions primitivement obtenues, on pourra, en terminant l'élève à l'aide de quelques précautions, masser sur une charpente bien proportionnée une chair tendre et à moitié grasse. Ces considérations, bien que les oiseaux par leur digestion, par leur conformation générale, soient très éloignés des grands mammifères, se rattachent encore à des données pratiques que tous les éleveurs de bétail et de chevaux connaissent parfaitement. Ainsi les Anglais disent communément que la taille des chevaux est dans le coffre à avoine. Il n'est pas ici hors de propos pour expliquer le rapprochement qui pourrait paraître d'un ordre trop éloigné, de faire observer que les os du cheval, que ceux du bétail, sont en majeure partie, comme ceux de la poule, composés de phosphate et de carbonate calcaires. Donner une nourriture trop molle et exclusivement pulpeuse, c'est écarter la poule de ses conditions les plus naturelles ; c'est faire languir le jeu de tous les organes, l'affaiblir, et la prédisposer à l'engraissement. Bien que les corps durs, les pierrettes que l'on rencontre dans le jabot et qui se trouvent toujours dans le gésier, semblent indiquer que ces oiseaux sont naturellement appelés à digérer des aliments plus ou moins durs, il n'est pas encore prouvé, malgré les belles observations de l'abbé Spallan-

zani, et les recherches des physiologistes modernes, que ces corpuscules remplacent les dents ou
que leur présence ait quelque rapport plus ou
moins éloigné avec les qualités des sucs contenus
dans le tube digestif. Ces corps étrangers ne
semblent être placés dans l'estomac, très peu
spacieux, de la poule, que pour augmenter la
surface des aliments et les mettre dans des
rapports plus immédiats avec les parois du
gésier. Il est même à croire que le gésier,
privé pour se contracter de ce point d'appui,
n'aurait qu'une action faible sur les aliments
introduits. Si donc l'estomac est tellement
configuré qu'il est impossible de lui refuser
une grande force et une grande action sur les
aliments, il est naturel de penser que ces aliments devaient nécessairement offrir quelque
résistance ; il est donc juste encore de penser que
les poules sont essentiellement granivores. De
plus, bien que les pierrettes, les cailloux et surtout les petits silex introduits dans le gésier soient
insolubles dans les acides, la nature de l'estomac
indique encore que les aliments doivent recevoir
dans son intérieur de grandes modifications ; ils
doivent s'y arrêter plus ou moins longtemps, y
faire un séjour plus ou moins prononcé : et, mo-

difiés, se rendre dans les intestins. Il est très probable que les parties calcaires sont en partie ou en totalité dissoutes par l'action de l'estomac, et qu'elles fournissent ultérieurement des matériaux pour la coquille de l'œuf. On voit donc par là que les grains doivent former la base de la nourriture des poules pondeuses.

Nous omettons à dessein de nombreux détails et des plus curieux, parce qu'ils nous semblent tout à fait étrangers à la nature du sujet, et qu'ils feraient plus naturellement partie d'un livre destiné à faire connaître les maladies de la poule.

Dans ces derniers temps on a trop parlé d'une prétendue castration de la poule. Par une singulière vue on avait commis l'erreur inconcevable de placer les ovaires de la poule dans le croupion. Cette hérésie anatomique est difficile à comprendre, quand on pense aux nombreux et curieux ouvrages qui ont été publiés, dans ces derniers temps, sur le mode de génération de la plupart des animaux. L'ovaire est un organe qui contient de petits œufs qui ne sont point encore finis. Ces petits corps se nomment *ovules*. De l'ovaire qui les forme, ils passent dans un tuyau membraneux et arrivent, chez les oiseaux, dans une cavité nommée *cloaque*. Dans le tube membraneux qui part de l'ovaire, les ovules augmentent de volume; lorsqu'ils arrivent dans le cloaque ils continuent d'augmenter, s'incrustent de carbonate calcaire, et quand la coquille est parfaite la ponte ne tarde pas à avoir lieu. Lorsque le coq coche la poule, tout le chapelet des ovules déjà préparés par l'ovaire se trouve fécondé plus ou moins, et une partie (8, 10, 12, 15) des œufs qui en proviennent peut donner naissance à des poussins. Cette disposition a pu être remarquée par beaucoup de ménagères, bien qu'elles ne connaissent ni les noms d'ovaire, ni celui d'oviducte (conduit de l'ovaire), ni les ovules. Bien plus, la disposition anatomique des ovaires, des oviductes, le parcours des ovules est clairement indiqué dans l'*Atlas d'anatomie comparée de Carus*, qui fournit à ce sujet une planche fort remarquable. Par quelle singulière considération a-t-on pu loger les ovaires dans le croupion? Si nous parlons ici de ce fait, c'est qu'il semble malheureusement avoir été consacré par une triple publicité appuyée sur des erreurs analogues décrites antérieurement, erreurs qu'il importe de faire disparaître, et qui pourraient être nuisibles à la bonne manière d'élever lucrativement les poules.

Le croupion de la poule présente vers son extrémité la plus reculée, une saillie vulgairement nommée le *bouton* ; il est constitué par deux petits corps réunis en V, et présente une ouverture dans son centre. Ces corps situés sous la peau sont formés de cellules nombreuses dans la cavité desquelles se fabrique une humeur grasse et onctueuse, qui vient sourdre par le bouton. Ces corps sont nommés les *glandes uropygiennes.* Elles ont pour office de permettre aux oiseaux de lustrer leurs plumes avec l'humeur qu'elles contiennent. L'animal introduit son bec à l'orifice, d'autres fois il presse la peau qui protége les glandes, il force l'humeur à sortir, et quand son bec est plus ou moins imprégné de cette humeur qu'on nomme aussi *sébacée*, il le promène adroitement sur les barbes de ses plumes. Qui n'a pas vu lorsqu'il va pleuvoir, ou en été à l'approche de l'orage, les poules se lustrer plus fréquemment que de coutume, et chercher vers le croupion la matière qui va bientôt protéger leur plumage ? Ces glandes du croupion sont encore plus développées chez le canard, et chez la plupart des oiseaux aquatiques. Chose bien remarquable, ces oiseaux dont le plumage n'est pas atteint par l'eau des rivières, des marais, sont cependant mouillés et salis par l'eau de pluie ; ils ressemblent alors à des barbets crottés. N'est-ce donc pas à cause de cette influence de l'eau de pluie sur le plumage, que les oiseaux, dont l'instinct reconnaît subtilement, pour ainsi dire, les variations atmosphériques, se lustrent plus fréquemment les plumes à l'approche de la pluie ? Du reste, ces glandes sont d'une importance extrême chez les poules. Le plus léger dérangement dans leur santé est annoncé par une diminution de l'humeur graisseuse. Par suite les plumes ne peuvent plus être lustrées ; le plumage devient sale, terne ; attaquable par l'humidité. Les inconvénients qui en résultent agissent bientôt comme cause, et plus tard les plumes se hérissent, l'appétit se perd, et l'animal languit.

Toutefois, quand on veut sortir la poule de ses conditions naturelles pour la soumettre à l'engraissement, on peut, pourvu que le procédé d'engraissement soit méthodique et rapide, enlever les glandes uropygiennes. Cependant, bien que cette ablation favorise l'engraissement des volailles, en les soumettant à une économie forcée des matières grasses produites par le corps, on ne peut point encore préconiser cette petite opération à cause des connaissances anatomiques qu'elle exige, et des inconvénients qu'elle présente. Et, si en théorie l'on explique et l'on comprend bien l'influence de l'extirpation des glandes uropygiennes sur l'engraissement des poules, en pratique il n'est pas bien clair que cette opération abrége la durée de l'engraissement. Pour ce fait, plus que par toutes les autres considérations, nous croyons que cette opération est inutile.

C'est avec un certain regret qu'on voit dans tous les auteurs qui parlent de la castration de la poule, l'absence la plus complète de la disposition anatomique des parties. Par une conséquence naturelle, les procédés opératoires indiqués sont mal décrits, inintelligibles, ou tellement compliqués qu'ils deviennent impraticables. Ce serait inutilement grossir cet ouvrage que de s'occuper de l'examen minutieux des différentes méthodes de castration. Est-ce l'ovaire ou l'oviducte qu'il faut enlever? Dans quel point faut-il faire l'incision, quand le doigt préalablement huilé pénètre dans le ventre pour aller à la recherche des parties à enlever? quels organes doit-il écarter? quels signes exacts indiquent la position respective des organes? Voilà, si la cas-

tration des poules pouvait être par le raisonnement et par la pratique considérée comme une
opération utile, les points qu'il serait essentiel de
déterminer d'une manière précise. Consultez les
auteurs, cherchez dans leurs écrits ce qu'il y a
de dit, de fait sur ce point, vous ne trouvez rien
que de vague et d'indéfini. Nous nous en conso-
lerons facilement, parce que nous croyons que
cette opération n'est pas indispensable pour amener promptement la poule à un engraissement
copieux. Les raisons qui nous portent à croire
fermement ce que nous avançons seront plus
longuement détaillées quand il sera question des
différentes méthodes de l'engraissement.

Pour ce qui est du coq, les faits sont d'une
autre nature : c'est un animal vif, emporté,
amoureux du mouvement, impatient de la gêne
et de la contrainte ; le plus souvent il est d'un
naturel ardent et lascif. Par toutes ces raisons il
est donc difficile de comprendre qu'il soit bon à
engraisser. Mais si par une opération connue dès
la plus haute antiquité, on modifie son naturel,
il sera désormais possible après avoir neutra-
lisé toutes les conditions qui le rendaient rebelle
à l'engraissement, de l'amener à l'obésité la plus
avancée. Tout le monde sait que les animaux

mâles, lorsqu'ils sont châtrés, perdent leur pétulance et leur vivacité ; le corps privé de l'influence des testicules subit des changements profonds ; parmi ceux-ci la moindre disposition au mouvement, l'apathie de l'animal, sont les plus caractéristiques. Dès lors, les sources par lesquelles le corps faisait les plus grandes dépenses se trouvant fermées, il est naturel de penser qu'il y aura de plus grandes réserves. Les recettes, pour ainsi dire, étant toujours supérieures aux dépenses, il se fait dans l'animal une accumulation de produits. Les éléments qui se forment alors en plus grande abondance sont le tissu cellulaire, et surtout le tissu graisseux. En peu de temps l'animal n'a plus d'autres désirs que celui de l'alimentation ; s'il est renfermé dans un lieu tranquille et à l'abri de toutes les excitations qui, par des mouvements et des exercices inconsidérés, pourraient lui faire perdre sa graisse, il arrive très promptement par des soins simples et appropriés qui seront ultérieurement décrits, à cet état très prononcé d'embonpoint.

Si l'on consulte les auteurs pour rechercher, décrire et faire connaître les meilleures méthodes de castration des coqs, on trouve qu'il y a encore beaucoup à désirer ; en général, les fermières, les ménagères et les praticiens l'emportent encore en ce point sur tous les savants, sur tous les écrivains qui ont abordé ce sujet. On trouve dans Olivier de Serres, Valmont de Bomare, Parmentier, Virey, Mme Cora Millet et autres, des notions plus ou moins étendues sur cette opération. Les personnes qui voudront se renseigner plus particulièrement pourront consulter avec intérêt le *Dictionnaire de médecine, de chirurgie et d'hygiène vétérinaires*, par Hurtrel d'Arboval. — 2e édit., tom. I, art. *Castration*, in-8°, Paris, 1838. — Le procédé opératoire se trouve plus complétement décrit dans ce dernier auteur ; cependant il serait à désirer que la méthode et les procédés de l'opération fussent simplifiés et décrits en style dépouillé d'expressions techniques. On aurait alors vulgarisé une opération dont la bonne méthode se propage seulement par une tradition trop restreinte. Le coq châtré prend le nom de *chapon*, et l'opération de la castration est le plus souvent connue sous le nom de *chaponnage*.

Sous le rapport économique on peut donc envisager les poules sous trois points de vue principaux :

1° Les poules qui peuvent donner de bons produits en œufs (**A**) ;

2° Celles qui s'engraissent rapidement (**B**) ;

3° Celles qu'il peut être avantageux de nourrir convenablement pour en faire rapidement de bons poulets (**C**).

A. — Dans la première catégorie on peut placer par ordre numérique de valeur et d'importance :

1° La poule commune ou domestique avec toutes les variétés qu'elle présente ;

2° La poule cochinchinoise récemment introduite en France. Cette espèce donne des œufs d'un petit volume, d'une coloration roussâtre ; mais la ponte a lieu pendant presque toute l'année ;

3° La poule de Padoue, assez bonne pondeuse quand on l'abrite du froid, et qui donne des œufs d'un volume ordinaire ;

4° La Dorking argentée, race anglaise, qu'il ne faut pas confondre avec la petite poule pattue dite *anglaise* ;

5° La Combat dorée, race originaire d'Angleterre ;

6° La Bréda, poule hollandaise qui pond peu, mais dont les œufs sont tellement volumineux qu'il peut encore y avoir un bénéfice raisonnable dans son exploitation :

7° La poule anglaise, produisant de petits œufs ; mais qui en fournit un nombre tel qu'il y a souvent avantage à la multiplier.

On pourrait ajouter à ce dernier type la poule malabare, la poule chinoise et la poule de Bantam dont le plumage a de l'analogie avec celui de la caille.

En ce qui concerne les produits en œufs, nous nous bornons à cette simple énumération, bien que l'on ait décrit une grande quantité de variétés et de races. Mais, avec une sérieuse attention on peut toujours ramener toutes ces espèces à l'une des sept divisions que nous venons d'indiquer. Cependant nous ne pouvons point passer sous silence, à cause de l'importance que nous lui avons reconnue et du mérite qu'elle possède, une variété de la poule commune décrite par Mme Cora Millet. Cette variété, comme le dit cet auteur, se trouve en Normandie. Nous l'avons rencontrée en Picardie, surtout dans le Vermandois, et dans beaucoup d'autres localités de la France. Ces poules ont les jambes basses, les cuisses grosses, le tronc large et développé ; l'abdomen est rond, volumineux. Lentes, d'un naturel tranquille, attachées aux lieux d'habitation ; elles pondent tardivement; mais chez elles la ponte se prolonge, et quand elles ont cessé de donner des œufs, elles peuvent facilement s'engraisser en conservant une chair tendre et volumineuse. Ces poules n'ont qu'un rudiment de crête, droite, raide, le plus souvent pointue, leur robe est noire ou d'un blanc panaché ; elles portent une huppe touffue fournie, et ont sous les barbillons une gorgerette saillante qui leur donne un air grave et magistral.

B. — En ce qui touche le profit qu'on peut tirer de l'engraissement des poules, on peut les classer de la manière suivante :

1° Encore la poule commune ;

2° La poule cochinchinoise ;

3° La poule de Padoue ;

4° La poule Bréda ;

5° La poule Dorking ;

6° La poule Combat dorée.

En général, on sait que la poule commune peut le plus souvent fournir de grands bénéfices dans ce genre d'industrie. La poule de Padoue s'engraisse bien, mais plus difficilement et à la condition qu'on lui donnera certains soins assidus.

Dans les variétés de la poule commune on peut surtout choisir, pour les livrer à l'engraissement, celles qui ont le tronc volumineux et dont le corps présente des proportions hautes et bien développées ; celles qui ne réuniraient pas les signes positifs à l'aide desquels on reconnaît qu'une poule est bonne pondeuse. Les poules chanteuses, querelleuses, turbulentes, criardes, ne sont pas plus propres à faire des œufs qu'à donner de la graisse. Ce sont des animaux nerveux, irritables, qui n'offrent aucun profit à l'éleveur. Nous sera-t-il permis de rappeler ici un quatrain vulgaire :

> Poule qui chante,
> Prêtre qui danse,
> Femme qui parle latin,
> N'arrivent jamais à belle fin.

C. — Pour faire rapidement et avec avantage de bons poulets il faut choisir des animaux :

1º De la race dite poule commune ;

2º De la race cochinchinoise, quand elle sera plus vulgarisée ;

3º De la race de Padoue ;

4º De la Dorking ;

5º De la Combat dorée ;

6º Dans toutes les races, les sujets des premières couvées qui sont vigoureux, élancés, bien proportionnés et qui se nourrissent facilement.

Les poussins nés au printemps peuvent, à l'aide d'une nourriture dans laquelle on fait surtout figurer les grains, prendre un développement rapide. Quand ils arrivent aux premiers froids de l'hiver ils sont déjà robustes et peuvent résister à toutes les causes qui ralentissent l'accroissement des poussins d'automne, les rabougrissent et les empêchent d'acquérir de la taille et du volume. Avant même l'automne les poussins du printemps peuvent être profitablement livrés au commerce. On les vend alors sous le nom de *poulets*, poulets *à la reine*. Les poussins d'automne après avoir été copieusement alimentés pendant quatre, cinq et six mois, sont loin de pouvoir offrir les mêmes résultats.

De tout ce qui précède on peut conclure :

1º La poule est un animal granivore ; il n'y a aucun profit à lui enlever les glandes du croupion pour l'engraisser ;

2º La castration du coq doit faire le sujet d'une étude chirurgicale plus approfondie ;

3º La poule commune l'emporte jusqu'à présent de beaucoup sur toutes les autres races et

variétés pour les bénéfices qu'elle peut donner
en œufs, en graisse et en chair ; les races que
nous venons de citer n'étant encore ni assez
connues ni assez multipliées.

CHAPITRE III.

De la Ponte et de ses variations; du temps pendant lequel elle se produit.

La reproduction de l'espèce dans les différents
ordres d'animaux demande, pour être parfaite,
un concours de nombreuses circonstances. Elle
suppose que les individus qui doivent y prendre
part ont acquis un développement plus ou moins
parfait. En effet, la fécondité plus ou moins considérable des espèces animales absorbe une grande
quantité des puissances de la vie. Avant de se
reproduire et pendant qu'ils se reproduisent,
les animaux des deux sexes éprouvent une sorte
d'expansion, une vive excitation générale à laquelle succède l'augmentation d'une fonction importante, celle de la génération, qui semble avoir
appelé à elle tous les éléments de l'excitation

générale. Une fois que les organes, sollicités par ce surcroît de vie, sont entrés en fonction, ils sont pendant plus ou moins longtemps, et surtout chez les femelles, comme entraînés à reproduire les mêmes actions. Ainsi, les testicules du coq se gonflent, toutes les parties érectiles et vasculaires de son organisation s'épandent. En même temps l'ovaire de la poule, les organes essentiels à la reproduction, deviennent le centre d'une véritable fluxion continue pendant tout le temps de la ponte ; mais dont la continuité présente des intermittences que nous aurons soin de définir et de détailler plus loin. Chez les femelles, quelles sont donc les conditions qui peuvent favoriser la ponte et en assurer la durée aussi prolongée que possible? La réponse à cette question est facile. Une température ni trop froide ni trop chaude, du repos et de l'exercice en proportion convenable, l'absence de tout ce qui pourrait agiter, troubler l'animal ; des abris proprement entretenus qui ne soient pas exposés aux vents froids et humides, de l'eau pure et claire fréquemment changée, des graines, et, au besoin, des substances légèrement excitantes, comme l'avoine, le chenevis, les légumineuses : voilà à peu près ce qu'il faut, quand une poule est dans de bonnes conditions naturelles, pour favoriser les chances heureuses qu'elle possède de donner de bons bénéfices.

Pendant longtemps on a ignoré la disposition anatomique des organes génitaux de la poule et méconnu le jeu, l'importance de ces organes. Cependant de ces connaissances pouvaient découler beaucoup d'indications pratiques et d'un emploi facile. Ce n'est pas que des travaux curieux et intéressants sur la génération et la reproduction de la plupart des animaux n'aient été faits en grand nombre par une foule d'hommes illustres, depuis la plus haute antiquité jusqu'à nos jours. Mais malheureusement on a laissé de côté l'étude de beaucoup de questions utiles, et, au lieu de ces faits, on a trouvé, sans en tirer aucun profit, comment beaucoup d'animaux inutiles, les poux, les punaises, pondent; poussant plus loin les recherches et les étendant aux végétaux, on a même compté dans les têtes de pavot 32,000 graines; dans les capsules du tabac 16,000; on a considéré l'œuf sous le rapport de l'incubation ; on a étudié toutes les influences que les agents extérieurs peuvent opérer sur son développement; on a reconnu la perspiration de l'œuf et ses différents changements de poids à des époques plus ou moins éloignées de l'incubation. Peu de choses restent à faire et à connaître sur ces différents points. On est loin de trouver la science et la pratique aussi riches, quand on considère ce qui a été dit sur les organes génitaux essentiels de la poule, l'ovaire, l'oviducte, le cloaque; sur les conditions de santé, de régime, de climat, de maladies même qui peuvent augmenter, ralentir, diminuer ou effacer la production des œufs. Depuis longtemps on trouvait dans différents livres que la poule peut pondre sans l'intervention du coq, et comme à côté des vérités les plus simples il y a toujours des enthousiastes disposés à en altérer le sens, on rencontre des auteurs qui vont jusqu'à regarder l'éloignement, l'absence complète du coq comme favorable à la poule et comme devant la laisser libre de donner une plus grande quantité d'œufs. Tous ceux qui aiment dans les choses le côté pratique, savent que c'est beaucoup trop dire que de vouloir affirmer ce dernier fait; car il arrive bien souvent que le coq, en s'approchant d'une poule dont la ponte a été ralentie ou suspendue, réveille la fonction par l'excitation locale que ses organes générateurs ont produite. Il est même nécessaire, en conservant les vues de plusieurs bons auteurs, d'avoir un coq par douze à quinze poules ; c'est la proportion la plus convenable et la plus raisonnable. Mais revenons à parler des meilleures conditions que doit rencontrer la poule pour bien pondre. Quoi qu'on en dise et surtout d'après le vulgaire proverbe : on ne peut sonner et être à la procession en même temps ; il semble difficile de comprendre qu'une poule puisse donner à la fois des produits en graisse et en œufs. On sait que les femelles obèses, dans beaucoup de classes d'animaux, sont impropres à la génération. Chez elles, la somme d'excitation nécessaire pour faire fonctionner les organes générateurs se trouve pour ainsi dire noyée dans la graisse. Et comme le tissu graisseux tend à se répandre sur tous les points du corps, il affaiblit en se développant le mouvement de fluxion et d'excitation locale qui doit se produire pour donner des pontes prolongées et fréquentes. De plus, quand la poule commence à devenir grasse, ses instincts alimentaires sont pour ainsi dire foncièrement changés ; elle est nécessairement entraînée à rechercher et à choisir des substances favorables à la production de la graisse ; par les mêmes raisons, elle dédaigne ce qui pourrait en elle fomenter la formation des œufs ou fournir des matériaux pour leur production. Bien plus encore, quand on arrive à des résultats semblables, il est à présumer que les bénéfices que l'on retirera de l'animal seront médiocres ou nuls. Mauvaise pondeuse, elle ne deviendra pas rapidement grasse. Voyez encore ce qui se passe dans les mêmes données chez la poulette qu'on veut transformer en poularde. Au lieu de laisser s'établir cette excitation dont nous avons parlé, cette fluxion sur l'ovaire, circonstance qui déterminerait la formation des œufs, on s'empresse de diriger le jeu de la vie sur un autre point; on éteint la force génératrice, et l'on obtient ainsi en peu de jours des poulardes parfaites.

Il serait trop long de rappeler, même sommairement, les travaux curieux qui ont été publiés en si grand nombre sur la génération des oiseaux, sur la ponte des femelles; ces connaissances pleines d'intérêt, peuvent profiter à des naturalistes, à des médecins, à des vétérinaires, à des agronomes, mais elles touchent peu à l'éducation lucrative des poules. D'après les recherches de Burdach, de M. Lallement, de M. le professeur Coste, il suffit de savoir qu'une poule qui vient d'être cochée par son coq, peut pondre en plusieurs jours une série de huit, dix, douze et même quinze œufs fécondés, pour entrevoir et bien comprendre même ce qu'il y a de plus curieux à connaître sur le jeu de l'ovaire. Cet organe, situé sous la colonne vertébrale, se trouve à la même place que les testicules du coq; il touche la partie la plus avancée des reins, et se trouve soutenu par les replis d'une membrane qu'on appelle le péritoine. Ce corps dans le tout jeune âge se trouve divisé en deux parties, mais il ne tarde pas à former une seule masse; alors, quand le développement de la poule est à peu près parfait, il commence à jouir d'une propriété qui lui est particulière; c'est-à-dire, qu'il se forme et se fabrique dans son intérieur des petits corps dont le nombre est variable, mais qui paraissent presque tous formés en même temps sous l'influence des mêmes conditions; ils sont disposés en grappe, les grains de la grappe sont nommés ovules par les anatomistes. Leur formation a lieu pendant les premiers moments de l'excitation générale qu'on nomme rut chez les femelles mammifères. Ce rut, si l'on pouvait pour les oiseaux se servir de ce mot, se prolonge chez la poule pendant huit mois de l'année. Seulement, dans certains moments il paraît plus intense, plus énergique; c'est alors que se forment les ovules. Une fois formée, la totalité des grains de la grappe s'épuise, un à un tous les jours, tous les deux jours ou tous les trois jours. L'ovule très petit lorsqu'il quitte la grappe de l'ovaire, s'engage dans l'oviducte, où il se charge d'une grande proportion d'albumine, qu'on nomme *gluire,* ou *blanc-d'œuf.* L'œuf a déjà presque toutes ses parties constituantes, il descend dans la cavité du cloaque où il devient encore plus volumineux, et s'incruste de carbonate calcaire, ce qu'on appelle la coquille. Bientôt il sort du cloaque. Alors suivant qu'il s'est engagé, un, deux ou trois ovules à la fois dans l'oviducte, il se produit entre la succession des œufs un intervalle plus ou moins considérable; à ce sujet, la ponte présente des variétés qu'il importe de signaler. Certaines poules pondent tous les jours, d'autres pondent deux jours de suite, se reposent un jour pour faire encore le même travail de la même manière, jusqu'à ce qu'elles aient épuisé tous les ovules qui ont été préparés, pendant une même excitation. Ces excitations provoquées par la bonne nourriture, les circonstances heureuses du climat, la bonne conformation de l'animal, ne sont

nullement dérangés par l'absence ou la présence
du coq. Si le mâle intervient, une série d'ovules
qui plus tard donnera vingt ou trente œufs,
pourra en présenter, huit, dix, douze ou quinze
de fécondés. Ainsi donc, la poule reste pendant
huit mois en aptitude de donner des œufs. A des
intervalles plus ou moins éloignés elle subit des
influences intérieures qui se portent exclusivement sur l'ovaire ; il se gonfle, une plus grande
quantité de sang y afflue, et quand l'organe est
suffisamment excité, il a réuni toutes les conditions nécessaires, il forme une grappe de 15, 20,
30 grains et quelquefois plus ; les ovules de cette
grappe seront autant d'œufs dont l'évolution et
l'expulsion formera ce qu'on appelle une ponte.
Après cette ponte, la poule se reposera pendant un
intervalle plus ou moins considérable. La durée
de l'intervalle sera d'autant moins longue, que la
poule est plus jeune, mieux conformée, qu'elle
présente des signes plus manifestes qui indiquent
clairement que la poule est pondeuse. Les circonstances extérieures peuvent encore, les choses
étant les mêmes, du reste, retarder ou avancer
l'intervalle qui sépare une ponte d'une autre
ponte. Le plus souvent dans la poule commune
il se fait pendant les huit mois quatre pontes qui

sont séparées par des intervalles à peu près
égaux. Mais s'il survient de grands froids la ponte
s'arrête ; si la température est trop élevée, le
même fait se produit. Si l'humidité est très considérable, si l'année est pluvieuse ; si la cherté
des grains force à l'épargne de la nourriture pro-
pice, la ponte est non seulement retardée, mais
la grappe formée à la période initiale, ne contient pas autant d'ovules ; au lieu de trente à
trente cinq œufs, il y aura 10, 12 ou 15 œufs.
La poule cochinchinoise a des pontes plus fréquentes, mais la grappe d'œufs est beaucoup
moins nombreuse ; il en est de même pour la
petite poule anglaise. Maintenant, ces quatre pontes, envisagées chez de bonnes pondeuses, peuvent donner en moyenne de 90 à 120 œufs pour total de l'année. Ce total subira des variations d'autant plus remarquables, qu'il sera formé par des
animaux présentant de plus grandes différences
d'âge, de races et d'alimentation. La poule née au
printemps commence quelquefois à pondre à la fin
de la même année, l'année suivante elle produit
à son maximum ; elle peut être bonne pondeuse
jusqu'à la fin de sa quatrième année. Alors, en
pratique, on peut considérer que la poule ne présente guère plus de bénéfices à l'éleveur, et qu'il

y a lieu de la livrer le plus rapidement possible aux meilleures méthodes d'engraissement, pour continuer d'en obtenir tout ce qu'elle peut donner. On rencontre quelquefois des exceptions à cette règle bien connue. Ainsi nous avons vu à la Chapelle Saint-Denis une poule de 9 ans qui reste encore bonne pondeuse. On nous en a signalé plusieurs autres qui, âgées de 6 à 7 ans, conservaient encore la faculté de produire beaucoup d'œufs; mais la proportion en est si petite, que ces observations ne peuvent être véritablement considérées que comme des exceptions.

Nous croyons en terminant ce chapitre, devoir relater les expériences suivantes, dont M. Dailly père a présenté les résultats à la Société centrale d'Agriculture, il y a quelques années. Trente-six poules et quatre coqs ont consommé dans un an 19 hectolitres 1/2 de petit blé d'orge, soit en moyenne 5 litres 1/2 par jour, environ 1/6 de litre par tête. Elles ont pondu dans l'année :

Janvier.	93 œufs.
Février	261
Mars.	438
Avril.	527
A reporter. . .	1,319

Report. . . 1,319

Mai.	527
Juin	507
Juillet	396
Août.	289
Septembre	186
Octobre	72

3,296 œufs.

Ou 91 œufs par poule.

De tout ce qui précède on peut donc conclure :

1° La poule pondeuse réclame une alimentation particulière ;

2° Elle peut produire chaque année pendant huit mois ;

3° Dans cet intervalle de huit mois, on peut le plus souvent constater quatre pontes variables, donnant pour total, de 90 à 120 œufs ;

4° La poule que l'on destine à la ponte ne peut fournir en même temps de la graisse et des œufs ;

5° Une poule qui a plus de quatre années, ne peut plus profitablement rester pondeuse, et les exceptions à cette règle sont assez rares.

CHAPITRE IV.

Des signes au moyen desquels on peut reconnaître si une poule est bonne ou mauvaise pondeuse.

Dans les conditions de santé, la coloration que présentent les diverses parties du corps de l'homme et des animaux, a été le sujet d'une étude plus ou moins approfondie. Qui n'a remarqué comme un signe d'une valeur quelconque la rougeur du nez, celle des oreilles, etc. Dans l'état de maladie, les plus fugaces nuances d'une couleur anormale deviennent des indications précieuses. Les inflammations, l'ictère ou jaunisse, un grand nombre des maladies de la peau de l'homme et des animaux, ont des caractères distinctifs et d'une grande valeur, qui sont basés sur la coloration diverse de la peau et de plusieurs autres organes. Quand les organes générateurs allument les feux de l'organisme, les animaux se revêtent des plus brillantes couleurs; ils se parent de toutes les perfections que la nature peut accumuler en eux, comme s'ils avaient l'instinct de l'importance finale attachée à l'acte de la reproduction.

Dans l'introduction, nous avons déjà parlé des liens de sympathie qui enferment certains organes éloignés dans un cercle de conformité, par rapport aux excitations, à la nutrition, et souvent aux maladies. Dans les gallinacés, la crête, les barbillons, le disque auriculaire, l'anneau de l'anus et les parties qui l'entourent, participent au gonflement, à la fluxion, à l'érétisme des organes de la génération quand la saison de la ponte est arrivée. Dans ces organes attachés, pour ainsi dire, comme des subalternes à des puissances supérieures, aussitôt que la reproduction commence l'évolution de ses différents actes, il se produit des changements que nous allons signaler. De même que l'ombre suit le corps, et que l'aiguille trahit le mouvement intérieur de l'horloge, de même la crête, le disque, les barbillons et la forme de l'anus font présager, par les signes qu'on peut y rencontrer, les changements, les actions, les excitations des organes générateurs.

La Figure ci-dessous représente une poule bonne pondeuse avec les signes apparents.

A. Crête d'un rouge écarlate.
B. Barbillons de même couleur.
C. Oreillon ou disque auriculaire d'un blanc mat.
D. Artichaut étalé en houppe. (Voir pour ce signe la seconde Figure.)

La crête est une partie du corps de l'animal dont tout le monde connaît la situation ; elle est composé d'un tissu de veines et d'artères entrelacées. Elle est susceptible d'un épanouissement plus ou moins considérable, et qui se trouve toujours à son maximum pendant la durée des différentes séries dont se compose la ponte. Après la pondaison d'une série, la crête cesse d'être aussi turgide, aussi raide. Après la ponte, elle devient flasque et pendante chez les poules qui ont une crête large et naturellement volumineuse. La couleur doit être ici signalée d'une manière toute particulière. Certes, il y a loin de cette teinte rouge lavé, terne et sale de la crête, pendant l'hiver, à cette coloration, d'abord d'un rouge franc aux approches de la ponte, et ensuite d'un rouge vif écarlate, intense pendant toute sa durée. Pendant les repos qui séparent les différentes séries de la ponte, cette couleur rouge de la crête perd un peu de son intensité, et la reprend au début de la pondaison qui va suivre.

La crête présente dans les différentes races de poules et même dans les variétés de ces races, des configurations et des dispositions diverses. Sous ces rapports, la crête présente peu d'intérêt, et l'on peut dire qu'une poule est bonne pondeuse avec une crête rudimentaire, large ou développée, frangée ou festonnée, simple ou double, pourvu qu'au moment de la ponte cet or-

gane présente une certaine raideur, et qu'il réu-
nisse les conditions de la couleur rouge intense
ci-dessus indiquée. Nous n'admettrons donc pas,
comme nous l'avons lu dans plusieurs auteurs,
qu'une petite crête indique qu'une poule pond
bien ; de même, nous ne concéderons pas aux
auteurs qui ont vanté comme signe à cet égard,
la valeur d'une crête large, épaisse et tombante.
La crête est d'autant plus vivante, que les organes génitaux fonctionnent plus activement ; et,
en la considérant, sous le rapport de sa couleur, on pourrait presque, à coup sur, classer
les différentes poules d'un troupeau d'après l'âge
approximatif qu'elles peuvent avoir. Cela est
aisé à comprendre, si l'on se rappelle qu'à la
deuxième année, les poules pondent beaucoup,
et que leur fécondité cesse à la fin de la quatrième.
Au fur et à mesure que la vitalité et l'énergie de
l'ovaire deviennent moins considérables, la crête
se recroqueville, diminue de volume, et perd
pour toujours sa couleur écarlate. Il faut aussi
noter que la nutrition se produit d'une manière
plus active dans la crête de toutes les poules par
l'excitation qu'y déterminent les pontes successives. Ainsi, au début de la troisième année, vers
le printemps, cet organe augmente de volume, et

cette augmentation persistera en subissant, du reste, un très leger retrait après la dernière pondaison. Au début de la quatrième année, nouvelle et dernière augmentation ; toutefois moins apparente, moins sensible que celle des deux premières années. Après quoi, les crêtes qui ont été volumineuses, se renversent, pendent soit d'un côté, soit d'un autre de la tête, se rident, se flétrissent, se décolorent d'autant plus, que l'animal avance en âge.

Il faut noter que des poules présentent, à cet égard, certaines exceptions. Celles qui ont la crête volumineuse pendant la première année, subissent quelquefois vers les premières pontes un gonflement si considérable, que l'augmentation de poids déterminé par l'afflux du sang, force la crête à s'infléchir d'un côté ou d'un autre, et dès lors elle ne se redresse plus, mais telle qu'elle est, elle subit les autres conditions générales que nous venons de signaler avec cette différence, toutefois, que les changements sont plus longs à se produire et qu'ils sont moins tranchés d'abord. Madame Adanson, dans un ouvrage qui a pour titre *La Maison de Campagne*, etc., rapporte que les meilleures poules pour la ponte sont celles qui ont la crête renversée. Nous avons dit tout ce qu'il faut pour faire comprendre combien cette assertion est vague.

Les barbillons situés au dessous de la gorge, au nombre de deux, plus ou moins développés, suivant les races et les variétés, sont, en général, liés aux mêmes conditions que la crête ; ils sont formés du même tissu. Leur couleur rouge offre à considérer les mêmes dégradations de nuance, depuis le rouge lavé, terne ou sale, jusqu'à la plus brillante couleur incarnadine. La robe de l'oiseau, suivant sa couleur, met la coloration des barbillons en un relief d'opposition plus ou moins tranché. Chez les belles poules blanches de la race Dorking, les barbillons des bonnes pondeuses, au moment de la plus grande production des œufs, sont pour ainsi dire le type de la coloration la plus franche, de celle que nous avons voulu décrire dans la crête de toutes les bonnes pondeuses, comme le signe le plus évident de l'abondance des œufs.

La crête et les barbillons peuvent être masqués par des plumes plus ou moins abondantes, qui forment des huppes, des touffes, des toupets près de la crête, ou de grosses cravates, des gorgerettes autour des barbillons. La présence de ces plumes ne change en rien la valeur des signes que présentent la crête et les barbillons qui sont alors très peu développés. Nous ne pouvons pas dire que les poules huppées soient de bonnes pondeuses, et que la huppe puisse les faire considérer comme telles. Cette assertion que nous avons rencontrée dans plusieurs auteurs, ne nous paraît avoir aucune valeur réelle. De même, nous nous garderons de dire avec madame Adanson, que celles qui présentent des huppes ne pondent pas ; nous commettrions une erreur ; si parfois ces poules ne pondent pas quand les huppes sont volumineuses, ce n'est qu'un accident de peu de durée, et dont nous avons donné la raison dans le cours de cet ouvrage.

Le disque auriculaire nommé encore l'oreillon, se trouve situé près·de l'ouverture du conduit de l'oreille externe, à la partie postérieure et moyenne de cette ouverture. C'est une surface d'une largeur plus ou moins considérable suivant les races dans lesquelles on l'examine. Sa configuration est le plus souvent ovalaire ou elliptique. Si on l'envisage chez de très jeunes poules, elle ne forme aucun relief au-dessus du niveau de la peau ; plus tard, gonflée et plus abondamment nourrie, elle formera une saillie plus ou moins considérable. Cette surface est ordinairement recouverte de lames épidermiques dont l'épaisseur est variable, suivant que la poule est livrée à la ponte, qu'elle est bonne ou mauvaise pondeuse, qu'elle est dans le repos qni sépare chaque série de ponte, ou bien que la saison d'hiver arrivant, les organes générateurs subissent ce silence et cet engourdissement qui semble s'étendre sur tout le règne organisé. Une circonstance sur laquelle nous voulons tout particulièrement appeler l'attention, parce qu'elle mérite surtout d'être considérée, c'est la coloration de ce disque auriculaire. Pendant que la crête et les barbillons sont rouges, elle est blanche, et d'un blanc d'autant plus mat que le rouge de ces derniers organes est plus intense et plus prononcé. Quand la crête et les barbillons se décolorent, quand ils paraissent flétris et fanés, qu'ils ont une teinte sale, l'oreillon perd sa couleur blanche, il devient rougeâtre, souvent même il arrive à être d'un rouge garance. Si l'on considère la composition anatomique du disque auriculaire, on comprendra ces divers changements avec plus de facilité. C'est une peau où il n'y a point de plumes, mais l'épiderme y est formé en grande abondance. Les anatomistes répètent que l'épiderme, les plumes, les poils, les ongles, la corne, sont des substances qui ont entre elles la plus grande analogie ; c'est une même matière différemment tissée, et dont les dispositions internes sont plus ou moins modifiées. Cette couleur blanche que l'on remarque sur la surface auriculaire est constituée par la superposition d'une quantité variable de couches épidermiques. A ce sujet, Mercuriali raconte que les anciens Romains savaient trouver dans les signes fournis par une abondante chevelure, dans sa disposition et sa coloration, les indices de la force et de la fécondité. Tout le monde sait qu'au printemps les animaux prennent les uns une robe nouvelle, plus brillante ; que les autres ont un plumage plus lustré, plus éclatant, plus remarquable ; on dit alors des oiseaux qu'ils sont en *noces*. Les bêtes fauves et la plupart des animaux ont un pelage d'une beauté remarquable pendant le temps du rut. L'énergie vitale concentrée longtemps dans les organes générateurs, rayonne bientôt comme d'un foyer sur les parties extérieures, l'œil s'anime, les parties riches en vaisseaux s'injectent, et la richesse de la vie paraît augmentée dans presque tous les points de l'organisme. Si donc la peau et toutes les parties qui en dépendent, comme le plumage et les appendices qui y sont attachés, se trouvent animés et excités plus que de coutume, les parties que fabrique, que forme, que sécrète la peau, devront être plus copieuses et plus abondantes. Il se formera sur le disque auriculaire une accumulation de couches épidermiques d'autant plus considérable, qu'il partira de l'appareil générateur une plus grande quantité d'excitation. Or, cette excitation n'est jamais plus fréquente que pendant le maximum de la ponte; c'est alors aussi que chez les bonnes pondeuses on voit apparaître le disque saillant, détaché, et d'un blanc mat très franc.

Comme nous l'avons dit plus haut, la surface du disque sera tantôt plane, uniforme; d'autres fois elle sera plissée, on y rencontrera même des replis plus ou moins accusés. Toutefois, ces conditions particulières n'empêcheront pas la formation de couches épidermiques chez les bonnes pondeuses, et chez elles, l'oreillon, lisse, plissé ou présentant des replis pendants sera toujours d'un blanc mat. Cependant comme les replis de l'oreillon ne peuvent être constatés que chez les vieilles poules, la couleur mate ne serait alors qu'une exception qui n'échapperait pas à la méthode que nous proposons.

Plus tard, quand la poule cessera de pondre,

que la peau ne sera plus aussi vivement excitée, les couches épidermiques cesseront d'être four nies en aussi grande abondance ; ces couches mêmes tomberont en squames plus ou moins minces, et si nous n'avions pour lecteurs que des médecins, nous pourrions dire que cette exfoliation, que cette chute épidermique a une très grande analogie avec celle que l'on rencontre dans la maladie de la peau qu'ils nomment psoriasis. A ce sujet, nous pourrions ici rappeler quelques détails de pathologie comparée ; mais laissant de côté ces points intéressants, il nous semble préférable d'abandonner cette digression. Lors donc que la chute des couches épidermiques est complète, la peau ne conserve plus qu'une seule lame d'épiderme. Cette lame est fine, et à travers son épaisseur on peut distinguer la couleur, l'injection de la peau.

Cette injection rappelle assez la coloration que garde la peau de l'homme et des animaux, après la chute des croûtes et des enduits qui sont particuliers à un assez grand nombre de maladies de la peau.

Parlons maintenant d'un signe que nous nom-

merons l'*artichaut*. Ce signe est représenté en
D dans la figure ci-dessous.

Dans l'introduction, nous avons déjà dit
que ce signe a été entrevu par beaucoup de
personnes qui s'occupent de l'élève des volailles, mais qu'elles n'en ont pas tiré des
inductions précises. Pour nous qui avons examiné
avec la plus persévérante attention tout ce qui
pouvait indiquer la fréquence de la pondaison,

nous avons toujours rencontré les bonnes pondeuses ayant l'anus et son pourtour garnis de
plumes fines, soyeuses, très touffues et disposées
comme les feuilles d'un artichaut qu'on appelle
en botanique écailles du réceptacle. Chez ces
poules, la partie postérieure de l'abdomen ordinairement proéminente se trouve très rapprochée de
terre, si bien que la houppe de l'artichaut balaye
souvent la poussière et la boue chez les poules peu
élevées sur pattes. Pendant le maximum de la
ponte, l'artichaut est très étalé, il ressemble à ces
peaux de cygne que les perruquiers disposent en
houppe pour disséminer la poudre sur la coiffure.
Quand la ponte se ralentit, cette touffe de plumes
occupe une surface moins étendue ; plus tard, la
saillie s'affaisse, les plumes se rapprochent et
semblent alors implantées dans la peau sous un
angle tout-à-fait différent. Si l'on veut bien considérer que le bourrelet anal, fonctionnant souvent par la plus grande fréquence des pontes, doit
devenir plus volumineux ; que les parties voisines
gonflées et tuméfiées occupent plus de surface,
on comprendra facilement l'épanouissement des
plumes qui y sont situées en artichaut ou en
houppe. Jamais cette disposition particulière ne
se présente hors le temps de la ponte, elle coïn-

cide toujours avec la rougeur de la crête et le blanc mat de l'oreillon.

Nous devons rappeler ici quelques indices d'une moindre valeur pour reconnaître qu'une poule est bonne pondeuse. Lorsque l'on voit la peau qui entoure les paupières d'un rouge vif, on peut en augurer qu'elle est bonne pondeuse ; si l'oreillon est dans quelques races couvert de petits poils soyeux ou de plumes modifiées et qu'il ne présente qu'une surface très peu étendue, cette rougeur des paupières, considérée avec celle de la crête, avec la disposition en artichaut des plumes de l'anus, deviendra un signe précieux à constater. Chez certaines races étrangères, ce signe accessoire devient plus important ; car on rencontre quelquefois chez ces races le disque auriculaire plus ou moins rougeâtre, même pendant la ponte ; ce n'est là qu'une variété, le fait principal, la règle persiste et la couleur blanche du disque auriculaire indique, dans la grande majorité des races de poules, l'aptitude à la ponte.

On peut rencontrer dans plusieurs auteurs la coloration des pattes indiquée comme un signe de fécondité. Nous n'avons rien vu de semblable, seulement nous avons remarqué, d'accord en cela avec quelques praticiens éleveurs de volailles, que la coloration bleuâtre des pattes se rencontre chez les volailles qui ont la chair tendre, chez celles qu'il est facile d'engraisser. Au contraire, la coloration jaune ou jaunâtre des pattes, vantée par Buchóz dans le *Trésor du laboureur*, semble liée à une rigidité plus grande du tissu cellulaire et à une moindre tendreté de la chair. Ces volailles sont voraces, elles ne font ni chair, ni graisse ; elles sont de celles qu'il n'y a aucun profit à garder.

Nous croyons utile de rappeler ici en peu de mots quels sont les attributs, les caractères extérieurs que l'on doit le plus souvent rechercher en dehors même des signes positifs que nous avons indiqués, caractères et attributs qui s'y rattachent, les dominent et les font naître. Bien que l'on ait souvent noté que les poules de moyenne stature, que celles dont le corps n'est ni trop petit ni trop volumineux, donnent de très gros œufs, il faut, en général, que la poule, à part les espèces Breda et une variété de la poule commune décrite par M^{mc} Cora Millet, soit assez élevée sur pattes, qu'elle ait le corps volumineux, le dos large, les ailes médiocrement développées, le ventre saillant et arrondi, les plumes fournies et bien disposées. La coloration du plumage a été indiquée par tous les auteurs comme un signe à l'aide duquel on reconnaît les bonnes pondeuses. Depuis Aristote, Pline, Columelle, jusqu'à nos contemporains, on a répété cette assertion que les poules noires, les poules rousses, celles dont le plumage est chiné, celles qu'on appelle cailles, sont d'excellentes pondeuses. Si l'on prenait pour guide de pareilles assertions, on rencontrerait à chaque instant les faits les plus contradictoires. Nous allons en donner une preuve immédiate. Chez plusieurs races, la couleur de la robe est pour ainsi dire un caractère fondamental. S'il est vrai de dire que la poule andalouse au plumage d'un beau noir intense est généralement bonne pondeuse, il n'est pas moins vrai d'affirmer que la dorking d'un blanc argenté si net est également une bonne pondeuse. Est-ce le blanc ou le noir qu'il faut considérer comme un signe de la bonne pondeuse?

Nous avons aussi parlé, dans l'introduction, de la nature des excréments qui analysés par le professeur Vauquelin, ont présenté une composition différente suivant qu'ils sont rendus pendant la ponte ou pendant le repos prolongé de l'hiver. Il n'est pas besoin d'invoquer ici de nouveaux arguments. Rappelons seulement pour l'ordre du plan de cet ouvrage que les excréments sont blancs pendant la période de repos, qu'ils contiennent alors une grande quantité de matériaux calcaires qui servaient à former l'enveloppe solide des œufs. Pendant la ponte les excréments sont moins liquides, moins diffluents, ils sont d'une couleur qui varie suivant la nature de l'alimentation.

Avant de terminer ce chapitre nous jugeons convenable d'indiquer les signes du bon coq. Les détails que nous allons donner seront très restreints, ce point n'étant, pour ainsi dire, qu'un accessoire aux considérations sur l'éducation lucrative des poules. Beaucoup d'auteurs ont donné des détails historiques très étendus sur cet animal qui a joué un grand rôle dans la religion et dans les superstitions des anciens peuples. Pour nous, un bon coq doit être jeune, vigoureux, beau chanteur à la voix énergique ; son plumage doit être brillant, il faut qu'il soit d'une stature élevée, haut sur pattes, le corps droit ; qu'il ait l'œil vif, animé ; que sa crête, bien développée soit double, festonnée, bien dentelée, rouge ; que ses barbillons soient pendants et larges ; que ses pattes soient bleuâtres ; ses éperons situés en dedans ; sa queue doit être volumineuse, ses plumes lustrées; il faut qu'il ait cette fierté qui a passé en proverbe; qu'il subisse sans crainte l'approche de ses rivaux; qu'il soit ardent au combat et qu'il n'ait pas une trop grande voracité, car alors il tourmente les poules, les chasse et les empêche de se nourrir convenablement. Ajoutons du reste, pour terminer ces détails bien connus, bien souvent répétés, une considération qui nous paraît neuve, bien qu'elle ait été remarquée par plusieurs personnes qui s'occupent pratiquement du sujet que nous étudions. Il ne faut jamais considérer comme un bon coq, quelle que soit du reste sa beauté, celui dont la crête est mince, peu festonnée et pendante. Toujours ce signe indique chez les races étrangères ou chez les animaux croisés une dégénération commençante ou un abâtardissement plus ou moins avancé. Dans l'espèce commune à nos contrées, ces coqs sont généralement moins bons que ceux qui ont la crête double. Toutefois, il n'est pas rare de rencontrer d'assez bons coqs communs avec une crête simple.

Des considérations contenues dans le présent chapitre, on peut conclure sommairement :

1º Les signes nécessaires à examiner pour

reconnaître une bonne pondeuse sont au nombre de six, savoir : — la crête, — le disque auriculaire, — les barbillons, — le pourtour des paupières, — l'artichaut, — la nature des excréments. C'est au début de sa deuxième année, alors qu'elle commence à pondre, que la poule présente ces signes bien manifestes. Il faudra aussi tenir compte de la conformation générale du corps. L'appréciation de ces divers signes fait connaître d'une manière positive qu'une poule est bonne pondeuse, qu'elle pond médiocrement, ou qu'elle ne pond pas ;

2° La poule bonne pondeuse lors qu'elle est à son maximum de ponte a la crête et les barbillons d'un rouge vif ; le disque auriculaire bien détaché, d'un blanc mat ; l'artichaut touffu, étalé en houppe ; les paupières rouges, les excréments blanchâtres, le corps bien développé et les plumes lustrées ;

3° Il y a donc un avantage réel, si l'on veut obtenir des bénéfices avec les œufs, de choisir toutes les poules qui présentent, parfaitement caractérisés, les signes indiqués ci-dessus ;

4° Enfin l'éducation lucrative des poules pour les œufs est seulement possible par la connaissance de ces signes, par le bon régime alimentaire, et encore en évitant de placer les poules dans de mauvaises conditions hygiéniques.

CHAPITRE V.

**Du choix des poules ; de leurs caractères. Du croisement
des races.**

Nous aurions plusieurs bonnes pages toutes
faites pour exprimer nos idées sur le peu d'attention, les méthodes vicieuses, la routine, qui
ont jusqu'à présent présidé au choix des poules
pondeuses, si nous transcrivions les doléances
de Le Choyselat, celles de don Francisco Dieste
y Buil. Le plus souvent, disent ces auteurs, l'é-
ducation des poules a été livrée à des filles de
ferme ou à des personnes qui possèdent peu de
connaissances, qui n'ont pas l'habitude de raisonner. Cependant la question mérite, il nous
semble, un certain ensemble de conditions. Il
faut posséder certaines données que le raisonnement pourra féconder entre des mains habiles.

Le hasard, certaines notions confuses ou trop vagues pour qu'on puisse s'y attacher, ont rendu jusqu'à présent l'éducation des poules pondeuses très incertaine et très problématique. Le Choyselat lui-même, que nous reconnaissons si bon penseur, si naïf raisonneur, ne donne que des signes avec lesquels il est impossible de procéder sûrement. Nous comprenons donc la valeur et la vérité des objections qui ont été proposées par beaucoup d'auteurs; elles sont fondées, positives, et en l'absence des signes dont nous avons parlé dans le précédent chapitre, il est même impossible de les réfuter. Qu'on lise à ce sujet, dans le *Journal d'agriculture pratique et de jardinage*, année 1850, l'article publié par Mme Cora Millet, et l'on trouvera victorieusement combattues toutes les supputations erronées de ces écrivains qui ont publié sur la poule un trop grand nombre de travaux semblables au fameux *Traité de l'art d'élever les lapins et de s'en faire 3,000 livres de rente*. Quel que soit le nombre des poules qui constitueront un troupeau pour faire des œufs, si préalablement rien ne vient guider le propriétaire dans le choix de ces animaux, il se produira fatalement un abaissement dans le chiffre des bénéfices ou une perte

réelle dans l'exploitation. En effet, l'on cherchera par les méthodes d'alimentation les plus
avantageuses, à provoquer des pontes fréquentes et soutenues. Si les poules sont mauvaises
pondeuses elles ne trouveront point dans ces
aliments ce qu'il faut pour arriver rapidement à la graisse ; elles ne feront ni graisse ni
œufs. Si le troupeau est nombreux, que les bénéfices en œufs soient faibles et que l'on juge
indispensable de renouveler un grand nombre de
poules ; pensant obtenir un meilleur résultat, on
fera souvent main-basse, pour les livrer à la consommation, sur les meilleures pondeuses, tandis
qu'il pourra bien se faire que l'on conserve les
mauvaises pondeuses. Le choix des remplaçantes
n'étant pas plus éclairé, les mêmes chances d'in-
certitude persisteront. Mais si l'on se pénètre
bien de la valeur positive des signes que nous
avons décrits, la question change de face. Pour un
éleveur intelligent il doit toujours y avoir bénéfice dans l'exploitation de ses poules pondeuses,
parce qu'il les aura choisies réellement pondeuses. Il faut ici noter quelques particularités sur
les mauvaises pondeuses. Au moment de la ponte
elles ont la crête terne quand les autres l'ont déjà
rouge ; elles la conservent telle pendant toute

l'année. A de rares intervalles cependant des injections avortées s'y produisent, elles ont pour quelques heures une rougeur plus considérable de la crête, mais ce caractère est si fugace qu'il pourrait passer inaperçu. Le disque auriculaire si saillant, si mat, si blanc, chez les bonnes pondeuses, reste rougeâtre ; quand la coloration blanche s'y produit, elle est irrégulière, disséminée en plusieurs points, et on remarque presque toujours quand les bonnes pondeuses sont à leur maximum de production un liseré rougeâtre à la partie inférieure du disque de ces mauvaises pondeuses ; elles n'ont jamais l'artichaut développé. Souvent leur plumage est terne ; elles sont généralement mal conformées. Les poules à crête terne, à disque auriculaire rougeâtre ou incomplètement blanc et qui ont un artichaut maigre, sont souvent criardes, chanteuses, querelleuses, gourmandes, coureuses ; elles tourmentent toujours les autres et souvent les bonnes pondeuses. Il sera donc indispensable d'écarter de pareilles poules quand on choisira des pondeuses. Il faut remarquer que des poules présentent souvent des signes très positifs de l'aptitude à la ponte, quoiqu'en réalité elles pondent peu ou point. Ces très rares exceptions tiennent à des circons-

tances que nous allons signaler. Ou bien les poulaillers sont mal propres, la nourriture insuf-
fisante ou de mauvaise qualité ; il y a dans le
troupeau un trop grand nombre de poules criardes et querelleuses ; ou bien les poules, quoique
bien soignées, bien nourries et en bonne com-
pagnie, ne pondent pas parce qu'elles portent sur
la tête des huppes, des toupets pendants qui traînent dans la boue, les empêchent de voir et ne
leur permettent pas de choisir convenablement
leur nourriture. Cela est si vrai que si l'on
coupe de temps en temps ces huppes, ou ces
toupets, on verra par cette simple précaution
ces poules mises à même de se mieux nourrir
donner en très peu de temps une grande quantité d'œufs, comme l'indiquaient les signes positifs
de la crête, des barbillons, du disque, de l'artichaut qu'elles possèdent bien conformés. Quand
il se trouve dans un troupeau des races très diverses, il s'établit souvent entre elles de vérita-
bles inimitiés qui les agitent, les rendent querelleuses, coureuses, leur font prendre de trop
violents exercices, moyen par lequel elles dépensent la nourriture qu'on leur donnait pour faire
des œufs qu'elles sont très àptes à produire lorsqu'on ramène la tranquillité dans la basse-cour.

8

Il arrive encore que les poules huppées sont poursuivies par les autres, ou bien les autres voyant mieux sont plus subtiles à prendre le grain et affament les poules dont les touffes sont pendantes. Si donc l'on voulait élever la poule de Padoue, qui a pour caractère de race, une touffe épaisse de plumes sur la tête, il faudrait l'élever à part et en composer un troupeau au milieu duquel on n'introduirait aucune race étrangère. Par des circonstances extérieures, le vent froid, l'humidité, le changement de nourriture, l'exercice trop prononcé, la ponte est quelquefois suspendue chez les bonnes pondeuses ; chez celles qui présentent les signes positifs que nous avons décrits ; mais par l'éloignement des causes qui ont ralenti la ponte, il sera toujours facile de rappeler l'abondance des produits.

Guidé dans le choix qu'il pourra faire des bonnes pondeuses, un éleveur intelligent pourra posséder un troupeau entièrement composé de sujets fertiles. Avec des soins simples, peu coûteux, sur lesquels nous nous étendrons, du reste, plus loin, il pourra plus certainement réaliser des bénéfices positifs. Mais indépendamment de toutes ces circonstances il lui restera une tâche bien

autrement importante à accomplir ; il faudra
chercher à propager les espèces bonnes pondeuses, par des croisements intelligents et ménagés;
il faudra choisir dans les bonnes pondeuses celles
qu'il sera avantageux de conserver pour la reproduction de l'espèce. Pour notre part, nous
n'avons nulle répugnance à répéter les éloges
qui ont été accordés à la poule commune. Cependant, sans vouloir favoriser des théories ou des
vues de l'esprit qui n'ont aucune base solide,
nous pouvons reconnaître qu'on a trop négligé
en France l'introduction de plusieurs races étrangères, importantes, précieuses et d'un facile
élève. Sans entrer dans des détails que connaissent les éleveurs de chevaux, de bœufs et de
moutons, on sait que l'homme peut beaucoup
pour donner aux animaux la forme qu'il croit
profitable à l'usage auquel ils sont destinés. Sans
aborder ces points de zootechnie (art de former les animaux), qui n'a lu avec intérêt les curieuses pages écrites par M. Isidore Geoffroy-
St-Hilaire sur la domestication de plusieurs oiseaux étrangers. Si l'on a pu fonder l'espoir que
des oiseaux de parages éloignés, et jusqu'à présent
inconnus en France, pourraient rapporter des
avantages à ceux qui s'occupent de l'entretien

des basses-cours, pourquoi négligerait-on les oiseaux étrangers pour l'acclimatement desquels
on ne doit rencontrer aucune difficulté? Par quel
singulier oubli dédaignerait-on des races de poules qui se propagent facilement et qui possèdent
de bonnes qualités qu'elles n'ont point perdues
par le changement de climat? Si nous ne voyons
pas une plus grande variété de races dans les
poules élevées en France, il faut bien le reconnaître, c'est à l'incurie des éleveurs, c'est à leur
indifférence, c'est à l'esprit de routine qu'il faut
l'attribuer. Pourquoi le plus souvent laisser à
des filles de ferme la responsabilité d'une question si curieuse et qui pourrait être si profitable? Sans décrire ici trop longuement les races
étrangères qui présentent des avantages sous le
rapport des produits abondants en œufs, nous
signalerons cependant les suivantes :

1° *La poule cochinchinoise*, qui commence
déjà à se propager sur une grande échelle et dont
on apprécie les avantageuses qualités. Elle présente deux espèces : la Cochinchinoise pure et la
Cochinchinoise soie. La première est plus répandue que l'autre ; elle est haute de taille, son
corps est volumineux ; elle a le port droit, le cou
long, la tête petite, le regard doux. On remar-

que sur les parties latérales de son disque auriculaire de petits épis de plumes soyeuses disposées comme de petites moustaches; elle a la crête
petite, son plumage est roussâtre. C'est un oiseau d'un naturel doux, caressant et familier.
Cette poule est très bonne pondeuse, elle aime
beaucoup à couver, souvent même on lui fait
faire trois couvées successives. Elle a pour ses
poussins une vigilance, une sollicitude, qui la
font justement regarder comme une bonne mère.
Elle se nourrit facilement, n'est ni gourmande
ni vorace. Ses ailes sont très courtes, elle est
presque sans queue et a de chaque côté une
plume courte qui se relève verticalement. Ses
œufs sont petits, roussâtres; mais par le nombre
qu'ils atteignent ils arrivent pour les bénéfices
à faire une avantageuse compensation. Elle n'est
pas coureuse ; ses pattes sont couvertes de plumes; elle aime à être près des habitations, elle
est toujours par conséquent d'une garde très facile. Nous avons déjà dit plus haut qu'elle pond
toute l'année. Le coq s'éloigne peu des caractères
que nous venons d'assigner à la poule ; il n'a pas
la turbulence, il n'a pas l'allure fière et arrogante
du coq domestique. Cette race pourrait donc présenter de grands avantages. Quant aux croise-

8*

ments qu'on pourrait faire de l'espèce cochin-chinoise avec d'autres races, il n'y a encore rien de bien déterminé; à ce sujet, il est seulement avéré maintenant que cette poule pond bien, qu'elle donne une chair tendre et succulente et qu'elle peut facilement s'engraisser ; que pour l'élever, la propager et la multiplier il n'y a aucun soin recherché à prendre, aucune perte de temps, ni forte dépense à faire. Par tous ces avantages cette poule se recommande à l'attention de tous ceux qui veulent se livrer à l'élève des volailles.

2° *La Dorking argentée*, c'est une race anglaise de taille moyenne qui a pour caractère principal une belle robe d'un blanc d'argent ; elle est gracieuse de forme, svelte, élancée, très propre, se nourrit facilement ; ses œufs sont moyens, elle pond par séries de trente à quarante œufs. Les signes à l'aide desquels on peut reconnaître les bonnes pondeuses sont très prononcés dans cette race. En général, elle a peu de propension à couver, il y aurait avantage à livrer ses œufs à la cochinchinoise; cette manière de faire, pratiquée jusqu'à présent, a donné les meilleurs résultats. Elle est vive, éveillée, active, ce qui explique le peu d'aptitude qu'elle a pour couver. Sa chair est délicate, tendre, perméable à la graisse; c'est donc une bonne espèce à propager.

3° *La Combat dorée* est encore une race originaire de l'Angleterre. C'est une jolie poule; son plumage rappelle celui qu'on trouve au cou et au dos des beaux coqs domestiques. Elle est d'une taille moyenne, sa ponte est ordinaire ; elle est bonne couveuse, bonne mère, sobre, rustique, tranquille. Sa chair s'engraisse facilement, elle est fine et délicate. Le coq a généralement la crête peu développée.

4° *La Poule andalouse* a la robe d'un noir d'ébène, est d'une taille ordinaire, d'un port gracieux, ses mouvements sont faciles. Dans cette race les signes des bonnes pondeuses sont presque un caractère de race; de plus, à cause de la couleur de la robe, ils sont tranchés et d'une facile appréciation. Le disque auriculaire avec son blanc mat ressort surtout sur le noir le plus franc, on y remarque toujours un petit repli qui reste pendant. Cette poule est bonne pondeuse. En France elle n'est pas bonne couveuse, mais c'est un petit inconvénient auquel il est facile de parer. Sa chair est bonne, elle s'imprègne facilement de graisse par une nourriture appropriée. En général, soit qu'on la destine à la ponte, à la chair ou à la graisse, elle dépense peu en nourriture. Ses œufs sont gros et atteignent en moyenne le chiffre annuel de 120 à 130. Le coq, noir comme la poule, est magnifique dans cette race.

5° *La poule de Bruges* de forte taille, élevée dans le Nord pour les combats, a un plumage roussâtre ; son corps est dépourvu d'élégance ; elle présente, du reste, quelque variété dans la couleur des plumes, qui n'ont dans cette race rien de caractéristique. Elle est bonne pondeuse ; en moyenne elle donne par année de soixante-dix à quatre-vingts œufs ; mais ils sont volumineux et représentent un produit plus copieux que celui donné par une plus grande quantité d'œufs de poules de taille moyenne. Elle a une grande propension à couver ; mais elle le fait avec maladresse, elle est lourde dans ses mouvements, elle casse souvent ses œufs. Ses pattes sont bleues, sa chair est tendre, la graisse s'y dépose avec facilité. Elle se nourrit bien. Le coq est remarquable par sa stature, sa force et son énergie qui le font choisir dans la Belgique et la Hollande pour le vain spectacle des combats.

6° *La poule de Jérusalem* semblerait être

plutôt un oiseau de volière qu'un oiseau de basse-cour, si l'on considère l'élégance, la grâce, la beauté de ses formes, de ses mouvements et de son plumage. Sa taille est ordinaire; elle est couverte de plumes d'un blanc de laine sous le ventre, sur le dos, vers la queue; mais le cou, le poitrail, la tête, présentent les dispositions les plus attrayantes; une partie de la plume conserve sa couleur blanc de laine, l'extrémité est terminée par des zônes noirâtres, miroitantes; ces bandes sont devancées par quelques points noirâtres répandus comme des gouttelettes irrégulières sur un fond d'un beau blanc. Lorsqu'elles se recouvrent, ces plumes forment une imbrication dont l'ensemble rappelle avec une dissemblable supériorité de coloris la beauté, la splendeur, le brillant des plumes sur le cou des beaux coqs domestiques. Ce ne serait là qu'un mince avantage; hâtons-nous d'ajouter que cette poule possède quelques qualités contrebalancées du reste par des inconvénients. Elle est familière, douce, pond régulièrement de quatre-vingts à cent œufs pendant six mois de l'année, d'avril en septembre, époque où les produits, à cause de leur abondance générale, ont une moindre valeur; mais elle est difficile à élever et réclame beaucoup de soins ; sa chair est fine, sapide, et cette poule s'engraisse avec assez de facilité.

Enfin nous ajouterons qu'il y a un assez bon nombre de poules d'une petite stature, bonnes pondeuses, faciles à l'engrais, donnant pour ainsi dire, par la quantité, une certaine compensation à l'exiguité des produits ; de ce nombre sont : la poule chinoise, la poule de Bantam, la poule malabare. Nous ferons remarquer que ces races conviennent plutôt à des amateurs qu'à des éleveurs de profession. Généralement, on appelle poule *russe*, probablement par corruption du mot *rousse*, la poule dite de l'Inde ; nous avons déjà signalé cette espèce comme mauvaise pondeuse ; si l'on se rappelle que sa chair est ferme, qu'elle s'engraisse mal, on en conclura que c'est encore une poule d'amateur.

Depuis longtemps les agriculteurs, les éleveurs, les jardiniers, les vétérinaires, les médecins, savent que, dans le règne animal et dans le règne végétal, certaines races, certaines familles d'animaux ou de plantes ne conservent leurs avantages et la solidité de leur organisation que par des croisements, des greffes, des mélanges opérés avec discernement. Voyez les innombrables variétés de coloration, de découpures, de disposition générale qu'offrent les œillets obtenus par des semis mélangés. Si vous semiez séparément les graines des espèces qui vous ont servi à faire le mélange, et par lesquelles vous avez obtenu de si riches produits, vous n'auriez plus bientôt que des espèces chétives, maigres, faibles pour la couleur et plus faibles encore pour l'odeur si prononcée de la plante. Dans le pied d'alouette, on peut encore produire des variations infinies de couleur par la diversité des semis, et toutes ces jolies plantes aux couleurs si diverses, semées séparément et isolées, reviendront bientôt à leur type naturel, c'est-à-dire à la couleur bleue du pied d'alouette des champs (*delphinium consolida*). Dans les arbres, on arrive encore à des résultats plus curieux pour obtenir des fruits plus volumineux, plus succulents ou plus sucrés. Tantôt c'est en mélangeant les semis qu'on obtient des individus plus parfaits sur lesquels on pourra plus tard obtenir, par la greffe, des résultats plus avancés. Dans les espèces animales, qu'on réfléchisse à la puissance des croisements en se rappelant que le chacal a donné naissance, par des croisements, à toutes les variétés connues du chien (*canis familiaris*). Si par le hasard, des races de chiens ou d'autres animaux sont livrées à des accouplements trop prolongés de la même race à la même race, il se produira bientôt un certain abâtardissement et un retour nécessaire de l'animal au type originel. Les qualités que les croisements successifs faits avec intelligence avaient développées et maintenues se perdent, s'affaiblissent et s'effacent complètement. Si certaines espèces, paraissent échapper à cette loi générale, c'est qu'elles sont formées d'individus dérivés de sources très variées et que, par leur accouplement ordinaire et habituel, elles continuent naturellement ce qui autrefois avait été le résultat de l'art ou de circonstances heureuses. C'est ce qui arrive pour la poule domestique, espèce produite par le croisement d'une grande quantité de races étrangères, et comme l'histoire des animaux domestiques est un peu celle des peuples auxquels ils appartiennent, on peut considérer que la poule commune en France est aux autres races étrangères ce que les Français, par rapport au mélange de leurs origines, sont aux nations étrangères. Qu'on ne s'étonne donc point de voir la poule commune conserver ses attributs, ses qualités, ses avantages, quoiqu'elle semble échapper aux croisements dont nous recommandions tout à l'heure l'importance et l'indispensable nécessité.

Cette influence des croisements est un fait scientifique trop démontré pour qu'il nous soit permis d'y insister trop longuement. Cependant nous rappellerons sommairement quelques préceptes à l'aide desquels on pourra se diriger dans l'élève des poules. Il est certain que l'on peut propager les espèces bonnes pondeuses; qu'on peut aussi en les laissant multiplier au hasard, effacer dans un troupeau la proportion des animaux fertiles. Quelles conditions faudrait-il donc remplir pour conserver des animaux productifs, pour augmenter s'il est possible leurs facultés productives? Il nous semble que l'on doit d'abord choisir pour arriver à ce but dans un troupeau de poules celles qui présentent les attributs de la production qu'on veut obtenir. Si l'on veut propager les poules pondeuses, il faudra prendre dans le troupeau celles dont la crête, l'auricule, les barbillons et l'artichaut présenteront les caractères déjà décrits; celles qui joindront à ces dispositions une conformation extérieure bien développée. On leur choisira des coqs de contrées différentes. Si la reproduction se fait dans une contrée sur l'espèce dite commune, il faudrait choisir des coqs communs d'une localité plus ou moins éloignée. D'autres fois, il serait économique d'avoir de bons coqs de races étrangères pour des poules communes, pondeuses bien choisies. Enfin, il faudrait livrer à de bons coqs domestiques des poules de races étrangères ; de celles que nous avons signalées plus haut. Le raisonnement, des analogies nombreuses dans le règne végétal et dans le règne animal, nous portent à croire que ces manières de faire seraient suivies des résultats les plus avantageux. Nous pourrions l'affirmer même si quelques faits isolés recueillis dans des établissements publics suffisaient pour affirmer un fait qui demande à être contrôlé par un plus grand nombre d'expériences. Jusqu'à présent les essais de ce genre ont été peu nombreux. On a cependant obtenu à l'Institut agronomique de Versailles, dans l'ancienne Faisanderie, de très beaux individus par le croisement du coq cochinchinois avec la poule Combat dorée.

Le sujet qui résulte d'un croisement s'appelle métis. Les métis ne peuvent servir à la reproduction que lorsque déjà des croisements successifs ont annoncé qu'il y a dans les attributs formés, dans les qualités développées une persistance, une fixité sur lesquelles on peut s'appuyer pour marcher plus avant dans la question. Une fois donc que l'on serait bien fondé à croire que les métis sont heureusement constitués, on pourrait les croiser *in and in*, comme disent les Anglais. Expliquons, en peu de mots, ce qu'on appelle croiser *in and in*. Quand on a obtenu de bons métis et qu'à des générations successives le coq cochinchinois, supposons-le, et la poule Combat dorée ont donné dix ou douze fois de suite des animaux ayant les mêmes qualités, la même conformation, les mêmes aptitudes, on choisira une poule métisse que l'on accouplera avec un coq cochinchinois. Le plus longtemps possible les générations issues de la poule métisse seront livrées à un reproducteur cochinchinois. Il devra se produire au bout d'un certain temps des résultats fixes et avantageux. D'autres fois le croisement *in and in* pourrait s'opérer par la mère, ce serait alors un coq de l'espèce Combat dorée qu'il faudrait donner aux bonnes poules métisses provenues de l'accouplement primitif du coq cochinchinois et de la poule Combat dorée. Il y a tant de faits acquis à la science dans ce genre depuis une trentaine d'années qu'ils ont échappé par leur importance et par le luxe des détails aux sciences qui voulaient les garder dans leur domaine. Comme un essaim vigoureux, la zootechnie s'est détachée de l'hygiène de l'homme et de la médecine vétérinaire. Cette science neuve, mais déjà riche, est enseignée depuis longtemps à l'école vétérinaire d'Alfort, dans celles de Lyon et de Toulouse ; et dans toutes les écoles d'agriculture de France depuis 1849. La zootechnie, ou l'art de former des animaux pour les différents usages auxquels on les destine, démontre qu'on arrive à ces résultats par des moyens combinés de croisements et d'alimentation. Ceux qui voudront lire sur ces points curieux des détails scientifiques plus étendus pourront consulter avec avantage l'article *Vitalité* de Fodéré dans le *Dictionnaire de médecine*, en 60 volumes. Hippolyte Royer-Collard a fait, en 1842, à l'Académie de médecine, une lecture sur la puissance de l'hygiène ; ce travail, qui a été généralement accueilli, est un rajeunissement de l'article de Fodéré. Quoi qu'il en soit, les producteurs, les éleveurs se sont peu exercés jusqu'à présent sur les croisements de la poule. C'est une lacune d'autant plus regrettable qu'il n'y a dans ce genre d'expérience, aucune grande dépense à faire, aucune perte totale à éprouver. Il n'est pas ici question d'un cheval anglais pur sang, d'un baudet précieux, d'un taureau Durham, d'un bélier mérinos, dont le prix d'acquisition atteint souvent des sommes fort élevées. La race cochinchinoise, la Dorking, la Combat dorée, la poule de Bruges, l'andalouse, peuvent être achetées à des prix médiocres, et si finalement les essais de croisements sont infructueux, par une nourriture appropriée on peut facilement engraisser ces espèces et les vendre au plus vite pour la graisse, sans avoir à supporter longtemps les frais d'une nourriture continue.

Il est bien entendu que si l'on recherche des sujets propres à faire de la chair, on devra choisir les individus provenant de races dont le corps est surtout volumineux; on prendra les individus qui se nourrissent bien, les poulettes qui commencent à pondre dans les premiers jours du printemps, afin que par la graine et les conditions du meilleur régime on puisse hâter rapidement le développement des volailles et livrer à peu de frais des poulets grands, forts, tendres et savoureux.

Si l'on veut, au contraire, avoir des poulardes, il faudra faire choix des espèces qui présentent une taille moyenne, un tronc large et développé, qui ont des habitudes sédentaires ; celles qui sont peu difficiles sur le choix des aliments. Ajoutons qu'en général les poulettes issues des bonnes pondeuses sont très disposées par des soins appropriés à devenir promptement de bonnes poulardes.

Des idées contenues dans ce chapitre on peut tirer les conclusions suivantes :

1° La connaissance des signes positifs des poules pondeuses est indispensable pour celui qui veut obtenir des bénéfices par la production des œufs ;

2° La poule commune présente beaucoup d'individus fertiles ; des races étrangères non moins fertiles pourraient être avantageusement introduites en France ;

3° Par des croisements circonspects il y a lieu d'espérer que l'on arriverait à produire avantageusement de meilleures poules, de meilleurs troupeaux, sous le triple rapport des œufs, de la chair et de la graisse.

CHAPITRE VI.

Des volailles que l'éleveur n'a aucun avantage à entretenir.

Si l'éleveur désire obtenir des œufs il doit de suite éliminer des troupeaux les poules qui présentent les signes négatifs de la ponte; à cet égard il devra se rappeler ce qui a été exposé dans les chapitres IV et V. En général les jeunes poules qui ont pondu deviennent plus difficilement poulardes, et c'est en calculant le prix de revient de l'animal, si on voulait l'engraisser, qu'il faut décider s'il y a lieu de livrer de suite ces volailles à la consommation. Chez ces poules jeunes, très médiocrement pondeuses, le temps nécessaire pour obtenir la condition de poulardes, étant ordinairement assez long, laisse entrevoir qu'il y aurait peu d'avantage à garder ces animaux.

Généralement les poules mauvaises pondeuses ne peuvent pas facilement s'engraisser. Chez elles les organes de la nutrition n'élaborent pas mieux les aliments qui pourraient aider à la formation des œufs que ceux qui peuvent produire de la graisse. Ce n'est pas qu'elles ne présentent parfois une certaine voracité, mais les aliments n'ont pas fait dans les voies digestives un séjour assez prolongé, ou bien ils sont rendus sans avoir subi les différents changements nécessaires au développement des organes. Ces animaux sont maigres, secs, leur plumage est peu fourni, peu lustré; elles ont souvent les pattes jaunâtres. Voilà, certes, des animaux qu'il y a peu d'avantage à conserver. Quand on aura reconnu ces poules à l'aide de l'un ou de tous les signes dont nous avons parlé, il sera bon de les mettre à part pendant quelques jours pour pouvoir plus facilement observer les vices qu'elles présentent et raisonner plus convenablement et en connaissance de cause sur le parti qu'on en pourra tirer. Nous avons déjà plusieurs fois fait le procès aux poules bavardes, hargneuses, querelleuses, qui mettent le trouble dans le paisible ménage, provoquent les bonnes pondeuses, les poursuivent et les battent. Comme nous l'avons dit, par cet exercice forcé, la poule pondeuse peut donner un moindre profit d'abord parce qu'elle prend un exercice auquel elle ne devrait pas se livrer, ensuite parce que, souvent troublée et dérangée, elle a moins de temps pour choisir et trouver les aliments qui lui conviennent. La poule chanteuse n'est pas moins nuisible aux volailles dont on veut faire des poulets, ceux-ci ne perdent rien de leur taille, de leur développement, mais la chair est plus ferme, plus dure, comme celle de tous les animaux qui se livrent à des exercices fréquents. La chanteuse inquiète souvent les couveuses, elle tourmente les poussins isolés; les auteurs naïfs du XVIe siècle disent que cette poule est en tous points comparable à la *virago*. C'est donc un sujet qu'il faut enlever des troupeaux. De même, mais par d'autres raisons, on devra retirer des basses-cours les poules qui ont le corps mal conformé, celles qui ont une taille trop petite et qui ne pourraient soit en œufs, en viande ou en graisse, indemniser l'éleveur des frais d'un entretien trop prolongé. Si par hasard un concours fâcheux de circonstances défavorables, de grands froids dans une saison avancée de l'année, des pluies continuelles, une humidité difficile à combattre, arrêtent le développement de certaines volailles, il est bon de cesser de les entretenir. Pour les ramener à des conditions profitables, il y aurait trop à faire, et les bénéfices couvriraient rarement les frais de l'exploitation. Un accident, une blessure grave, une fracture, toutes les causes qui entretiennent pendant trop longtemps la fièvre, doivent engager l'éleveur à choisir pour la vente ces sortes de volailles. Il en sera de même des poules qui présentent des ophthalmies; le trouble, la gêne et quelquefois la privation de la vue mettent les animaux dans l'impossibilité de se bien nourrir; par suite, il y a peu d'avantages à conserver ces infirmes. Il en sera encore de même des poules qui auront des maladies des articulations. Ces maladies articulaires sont souvent, pour la production des œufs, de la viande et de la graisse, des dérivations trop puissantes. Les efforts de la nature sont trop tournés du côté de la maladie pour que les productions données par l'animal soient profitables. Dans les articulations malades, s'il se produit des dépôts crétacés, la matière calcaire déposée dans les articulations ne restera plus en assez grande abondance dans l'intérieur du corps pour produire une grande quantité de coquilles d'œufs. Si la maladie des pattes cause des douleurs vives, la douleur paralysera le développement de l'animal et fera fondre la graisse qu'il possédait. Tous les médecins, tous les vétérinaires, beaucoup d'agriculteurs savent avec quelle promptitude parfois vraiment étonnante la douleur diminue l'embonpoint de l'homme et des animaux. Le cheval offre un curieux exemple de ce fait dans les maladies du pied, qui sont chez lui très douloureuses. Bien que les volailles présentent dans leurs pattes une sensibilité très éloignée de celle qui est particulière aux grands animaux, il est cependant facile de constater que lorsque les pattes sont malades, les animaux maigrissent, que souvent ils cessent de donner des œufs, que si cet état se prolonge, la chair durcira et sera désormais imperméable à la graisse. Dans de telles conditions, si la maladie sévit sur un grand nombre d'animaux dans le troupeau, il faudra se hâter d'appeler le vétérinaire. On lui fera connaître le régime et les différentes conditions hygiéniques des volailles avant la maladie ; on l'instruira de la marche que le mal a pu suivre ; on le mettra à même de faire sur la nature et les causes de la maladie, des observations complètes ; quelque temps après, on posera au vétérinaire une question pour avoir une conclusion. Si les soins doivent être longs, si le mal doit se prolonger, il faut suspendre l'élève, se défaire des animaux malades et s'empresser de faire subir au poulailler, à la basse-cour, aux lieux dans lesquels se promènent les volailles, les réparations convenables.

Quand des sujets présentent une maladie contagieuse, il faut aussitôt séparer les animaux malades et rechercher si les poulaillers ne contiendraient pas l'élément contagieux qui pourrait nuire aux autres volailles. Dans ces conditions, il faudrait opérer un déménagement provisoire, réparer au plus vite le poulailler, le blanchir, l'assainir et choisir minutieusement les volailles qui devraient désormais l'habiter. Il n'appartient point à la nature du sujet que nous traitons de placer ici des considérations plus ou moins détaillées sur le mot *contagion* si controversé en médecine humaine et en médecine vétérinaire. Fort heureusement le bon sens tranche souvent de longues discussions scientifiques, négligeant avec une égale sûreté et un égal profit pour la vérité le pour et le contre exclusifs. Ici, en parlant de maladies contagieuses, nous voulons surtout signaler la présence des vermines qui tourmentent les volailles. Si une poule coureuse, s'éloignant d'une basse-cour, a eu quelque rapport avec une volaille d'un lieu plus ou moins écarté, elle rapportera quelquefois la cause qui pourrait faire dépérir tout un troupeau. Dans ces derniers temps, on a parlé de la phthiriase des oiseaux (poux des volailles). Cette maladie peut être communiquée par les poules aux chevaux et à d'autres animaux. Mais passons. La vermine force les animaux à se gratter; ils sont sans cesse en mouvement; des coups d'ongles et de bec sillonnent leur peau déplumée; sous le ventre, il y a des callosités; en avant de la poitrine, la peau rouge est presque érysipélateuse; des égratignures nombreuses en font fréquemment découler le sang; une chaleur brûlante s'empare de tout le corps de l'animal; son œil est vif et fiévreux; la ponte cesse chez les poules pondeuses, les signes de la ponte cessent aussi d'avoir alors leur intensité; les jeunes volailles subissent un arrêt de développement; les poules grasses maigrissent rapidement, et après l'amaigrissement, la chair devient dure, coriace. Notez que de plus, pour les éleveurs qui recherchent le produit des plumes, il y a alors de ce côté une perte totale. Les agriculteurs, les particuliers qui ont des animaux domestiques, des chevaux surtout, doivent avoir un grand soin pour connaître la présence de cette maladie ; ils doivent se défaire au plus vite des volailles qui présentent les premiers signes du mal. Cette maladie n'a pas pour signe seulement la présence des poux ; car tout le monde sait que les volailles, et les plus saines, les plus vigoureuses et les plus productives, ont presque toutes des poux ; mais dans la phthiriase il y en a une quantité considérable. Ce développement extraordinaire de vermine est déterminé par les conditions hygiéniques, par la nature de l'alimentation surtout, souvent aussi par la malpropreté et la mauvaise qualité des eaux. C'est donc seulement de ces animaux malades par la présence d'une quantité extraordinaire de vermine, que nous disons qu'il faut séparer les volailles malades, des saines, pour éviter la contagion. Certaines volailles sont frappées d'épilepsie ; cette maladie portant atteinte à la production des œufs, de la viande, de la graisse, et pouvant se transmettre par hérédité, il faut encore se défaire de ces animaux. Il ne nous appartient pas de décider l'influence que ces poules malades peuvent avoir sur la santé de l'homme, elle nous semble négative ;

nous nous bornerons à laisser notre opinion à l'état d'assertion. D'autres volailles présentent une gloutonnerie, une voracité, qui rappellent la faim canine de l'homme ; ces animaux dépensent beaucoup et produisent peu. Les coqs poltrons sont si souvent chassés par les autres coqs que, pour en retirer un profit quelconque, il faut ou s'en débarrasser, ou les chaponner et les engraisser par les méthodes les plus convenables. De tout ce qui précède, on peut tirer les conclusions suivantes :

1° Si des poules sont mauvaises pondeuses, si elles mangent beaucoup et profitent peu, il faut les séparer pendant quelque temps pour étudier plus facilement les imperfections qu'elles présentent et avoir des renseignements plus positifs sur le parti qu'on en peut tirer ;

2° Sont peu profitables à l'éleveur, les volailles qui ont subi un arrêt de développement par l'influence prolongée des conditions atmosphériques ; — celles qui sont voraces, — les épileptiques, — les coqs poltrons, — les poules bavardes ;

3° Si une maladie des yeux, des articulations, des pattes, se prolonge, il y a peu de profit pour l'éleveur d'entretenir de pareilles volailles ;

4° Il faut se débarrasser des poules qui présentent la phthiriase, maladie qui pourrait, en se propageant, détruire rapidement les bénéfices de l'exploitation.

CHAPITRE VII.

Des soins généraux qui conviennent à l'entretien des poules.

Il est naturel de penser que les poules devant être appliquées par l'éleveur aux différentes destinations les plus lucratives, des soins dissemblables leur seront nécessaires. La nature différente des produits formés par ces animaux implique de toute nécessité qu'ils ne doivent pas recevoir les mêmes aliments pour former de la graisse, des œufs ou de la chair. Il est donc utile, pour la clarté du sujet et pour mieux distribuer les considérations qui s'y rattachent, de diviser le chapitre en trois parties.

La première partie contiendra les meilleures méthodes d'entretien pour les poules pondeuses. (**A**)

La deuxième partie sera relative aux diffé-

10*

rents moyens à l'aide desquels on peut amener les poules à l'état de graisse que doivent développer les méthodes d'alimentation dont l'étude est reportée au chapitre de l'engraissement. (**B**)

Enfin, dans la troisième partie figureront les procédés les plus simples et les plus lucratifs pour obtenir rapidement des poulets forts et bien développés. (**C**)

A. Lorsque l'éleveur, guidé par les signes positifs dont nous avons plus haut donné la description, aura formé un troupeau composé exclusivement de poules bonnes pondeuses, il devra se rappeler les détails que nous avons relatés dans le chapitre de l'histoire naturelle de la poule au point de vue économique. Nous ne pourrions que répéter ce qui a déjà été dit en cet endroit. Nous pouvons ajouter ici que jamais dans l'économie un produit n'est copieusement fourni que par l'exaltation fonctionnelle des viscères qui donnent cette production ; une autre circonstance est encore plus ou moins indispensable, c'est le silence et la dépression de presque tous les autres organes du corps ; toutes les forces de la nature convergeant alors en une suprême résultante chargée de présider à la formation du produit. Chez la bonne pondeuse ce produit

est l'œuf, il faut donc alors favoriser le jeu des
organes générateurs, et par une nourriture appropriée obtenir la continuité de ce résultat sans
faire naître des conditions qui pourraient nuire
au but que l'on se propose. Si la poule pondeuse était tenue dans un espace trop limité,
si elle recevait une nourriture abondante, molle,
pulpeuse; si privée de sa liberté elle ne pouvait
chercher les petites pierres, les calcaires qui
lui conviennent si bien; si le grain était donné
d'une main avare, on verrait bientôt la production en œufs diminuer; souvent même on pourrait constater un fait observé par plusieurs auteurs, nous voulons parler de la moindre consistance de l'enveloppe solide des œufs. Parmentier est un auteur plein de raison et de bon
sens, il y a dans son dire beaucoup d'esprit pratique; il est à regretter que beaucoup d'auteurs
modernes se soient trop fréquemment servis de
ses pensées, voire même de son texte, sans avoir
indiqué la source où ils avaient puisé. Cet auteur
dit que lorsque la poule pondeuse est placée dans
de mauvaises conditions d'alimentation, il n'est
pas rare de lui voir produire des œufs dont l'enveloppe extérieure est molle. Généralement ces
œufs de consistance variable sont connus dans le

commerce et dans l'industrie agricole sous le nom d'œufs *hardés*; ils présentent des aspects variés. Tantôt l'enveloppe de l'œuf n'offre à considérer aucune trace de substance calcaire, d'autres fois le calcaire est disséminé d'une manière plus ou moins irrégulière ; parfois il est uniformément répandu sur toute la surface de l'enveloppe, mais il offre une moindre épaisseur que de coutume ; ou bien si l'épaisseur est égale, il y a plus de friabilité. Il se présente quelquefois sur ces œufs des zones plus ou moins régulières avec des saillies et des dépressions alternatives, enfin l'extrémité la plus grosse de l'œuf, ou bien la petite extrémité renferme une plus grande quantité de sels calcaires.

Quoi qu'il en soit, tous ces œufs sont en général fournis par des poules pondeuses placées dans de mauvaises conditions d'alimentation, ou défavorablement influencées par des circonstances extérieures. Ces œufs sont d'un rapport presque nul, ils ne sont pas vendables. Quand les œufs sont pondus dans une même journée au nombre de deux, il est à remarquer que le plus souvent l'un des deux se trouve hardé. Ainsi nous avons vu, rue des Poissonniers, 17, à La Chapelle Saint-Denis, une poule qui pendant l'année pondait onze fois seulement, mais deux œufs dans la même journée; alors il y eut toujours l'un des deux œufs hardé. Hâtons-nous de conclure en rappelant un corollaire qu'il nous est d'autant plus agréable d'emprunter à Parmentier que nous voyons par-là nos considérations du chapitre II, corroborées et soutenues par l'autorité d'un nom justement estimé dans l'industrie agricole. Parmentier, après avoir énuméré les circonstances fâcheuses qui peuvent faire obstacle à la ponte, indique des moyens préservatifs, il conseille une hygiène que l'on pourrait appeler curative s'il fallait considérer comme maladie la moindre abondance des œufs chez la poule. Si la poule pond moins, si elle donne souvent des œufs hardés, il faut, dit-il, lui donner plus fréquemment du grain, lui offrir de la craie, soit en morceau, soit pulvérisée et étendue dans la boisson; par ce moyen, ajoute-t-il, les œufs deviendront plus solides et seront plus abondants. A quoi servirait donc cette craie si ce calcaire ne devait pas être employé à solidifier la coquille? On pourrait dire que la craie peut exciter les organes de la nutrition et faciliter la digestion; que nous importe cette manière de considérer les choses, nous l'admettrons sans réserve, et nous en tirerons cette conséquence naturelle que la nutrition mieux réglée doit avoir pour résultat définitif la production des œufs chez des poules pondeuses, exténuées depuis longtemps quant aux organes générateurs.

Il n'entre point dans le plan de ce petit ouvrage que nous nous efforçons de laisser sommaire, d'offrir une énumération où se trouverait épuisée la nomenclature des aliments qui conviennent à la poule pondeuse. La plupart des auteurs sont riches de ces détails; ils ont beaucoup parlé sur l'alimentation des poules, mais ils ont dit peu de bonnes choses concernant celle des poules pondeuses. .

Suivant les localités, l'alimentation peut varier, tout en conservant des bases rationnelles et profitables; on peut dire qu'il peut y avoir de l'avantage à donner dans des proportions différentes, suivant l'occurrence, les produits suivants:

Les vannures,
Les criblures,
Le froment,
L'orge pur,
Le sarrazin,

Le maïs concassé,

Les vesces,

Les pois chiches,

Le seigle,

Les fruits sains ou gâtés coupés en mor-
ceaux,

Les racines cuites,

Le son,

Le marc de raisins et celui de pommes.

Il est à remarquer que de ces substances les unes sont purement nutritives, d'autres sont légèrement excitantes ; il y en a qui peuvent rendre les selles trop molles ; il s'en trouve qui pourraient déterminer la constipation ; presque tous ces aliments sont plus ou moins profitables lorsqu'ils sont mélangés ; en général, la ponte est surtout favorisée par la grande variété des substances qui composent le mélange. Les volailles sont, sous ce rapport, soumises à des con-
ditions que l'on peut noter chez des animaux d'un ordre plus relevé. Les digestions pour être bonnes veulent s'exercer sur des aliments va-
riés ; moins grand sera le nombre des substances alimentaires, moins parfaite sera la nutrition. L'expérience est acquise sur ce fait par un grand nombre d'expérimentations pratiquées sur des

animaux. Les chiens soumis à l'usage d'un seul aliment maigrissent, deviennent malades et meurent d'inanition. Concluons des faits de ce genre que la nourriture des volailles pondeuses, comme celle de la plupart des animaux, doit être variée; que pour les poules pondeuses il faut surtout une diversité de substances renfermant en proportions différentes de l'albumine végétale, du gluten, des carbonates et des phosphates calcaires, les substances énumérées ci-dessus remplissent presque toutes ces conditions. Le seigle, donné en trop grande proportion, pourrait trop relâcher les volailles, la prédominance outrée des vesces déterminerait quelquefois une excitation nuisible; enfin, rien ne demande plus de discrétion que la dispensation du marc de raisin; cet aliment renferme une grande quantité d'un principe que les chimistes connaissent sous le nom de tannin. Si les poules étaient forcées de manger une trop grande quantité de marc de raisin, on ne serait pas longtemps à constater l'influence défavorable du tannin sur la production des œufs. D'abord ils seraient donnés plus petits, ensuite ils tarderaient peu à être moins nombreux. Quand donc on voudra utiliser le marc de raisin, qui a aussi l'inconvénient de trop constiper les volailles, il sera bon d'en neutraliser les effets par l'adjonction dans les aliments d'une proportion plus ou moins considérable de seigle.

Certaines substances alimentaires jouissent de la propriété de pousser les poules pondeuses à des pontes plus fréquentes ; on peut citer comme produisant communément cet effet les graines suivantes :

Le chenevis,

L'avoine pure,

La sarrazin pur,

Le millet commun,

L'alpiste.

Tous ces grains renferment une abondante proportion des principes nutritifs que nous avons déjà désignés ; on y rencontre en outre un principe résineux et aromatique de l'action duquel résulte surtout l'excitation à la ponte.

La ponte, lorsqu'elle se prolonge, détermine toujours chez les poules pondeuses une excitation, que ces volatiles, laissés en liberté, calment instinctivement par l'ingestion d'une plus ou moins grande quantité de plantes vertes. On pourrait considérer que, dans beaucoup de cas, il y aurait un grand profit à donner aux volailles tantôt des plantes excitantes en général, lorsqu'on ne disposerait pas d'une proportion assez considérable de grains excitants ; d'autres fois, des plantes qui stimuleraient spécialement le jeu des organes générateurs. Dans la première catégorie on placerait :

La menthe,

La sauge,

Le romarin,

La lavande,

Le thym,

L'origan.

Ces plantes seraient données hachées dans des pâtées composées de son, de graines, de racines et de pommes de terre cuites.

Nous devons avouer que plein de confiance pour l'emploi des plantes qui précèdent, nous n'avons pas encore soumis à l'expérimentation l'emploi des végétaux qui pourraient servir à exciter spécialement les organes génitaux, et au nombre desquels figureraient :

L'absynthe,

La tanaisie,

La camomille,

La matricaire,

L'armoise.

Si nous proposons l'emploi journalier et fré-

quent de ces plantes, c'est que la plupart d'entre elles ont été conseillées dans l'hygiène et la
médecine de la plupart des animaux domestiques ; c'est que ces plantes sont communément
répandues en France, et qu'il ne peut y avoir
aucun danger réel à s'en servir. Au contraire,
dans les temps froids et pluvieux, contre le cours
naturel des saisons, on pourra, il nous semble,
à l'aide de ces moyens, exciter la chaleur des
animaux, réveiller la ponte engourdie, et
maintenir à peu de frais la production à un
chiffre avantageux pour l'éleveur. De plus, ces
substances écarteront la fréquence des affections
rhumatismales que citent tous les auteurs ; et
comme le rhumatisme est une maladie essentiellement nuisible à la ponte, il faut encore conclure que tous les moyens qui peuvent en diminuer la fréquence ou en retarder le développement, sont d'une grande importance dans l'hygiène des poules pondeuses. Nous croyons également que l'usage prolongé de ces moyens dis-
pensés avec une réserve convenable, puorrait
paralyser le développement d'une maladie qui,
dans ces derniers temps, a fait périr un nombre
prodigieux de volailles.

Si nous ajoutons aux considérations qui précèdent l'étude des conditions hygiéniques les plus convenables, nous aurons épuisé tout ce que l'on peut dire de profitable sur l'entretien des poules pondeuses.

Aussitôt que la ponte commence à se manifester chez la plupart des poules composant le troupeau des bonnes pondeuses, il faudra considérer avec une certaine attention les conditions de l'air ; il sera bon de leur choisir une exposition au midi et au levant, par là on aura écarté les sources les plus ordinaires d'une humidité nuisible. Si la température est trop basse pour la saison, il ne faudra pas trop prolonger le séjour des volailles dans la basse-cour ou dans les champs. On devra ne les faire sortir du poulailler ou des abris que vers le milieu de la journée ; on devra aussi par une aération convenable diminuer suivant les circonstances l'humidité des poulaillers. On sait qu'en général il faut aux poules pondeuses de la chaleur, de la tranquillité, l'éloignement des lieux humides exposés aux émanations putrides. Ces conditions conviennent aussi bien aux poules pondeuses qu'aux autres poules ; mais ce qu'il faut surtout à celles dont on recherche les œufs, c'est de l'eau limpide dans laquelle on n'aura laissé séjourner aucune substance étrangère ; il faut choisir cette eau aérée, sapide ; c'est-à-dire que les eaux de puits, que celles des mares, que celles qui contiennent une trop grande quantité de principes étrangers, ne conviennent pas en général aux poules pondeuses.

Les poulaillers devront être spacieux, exposés au midi et au levant, ils seront situés dans l'endroit le moins fréquenté ; le sol devra être d'argile battue, quand on le pourra il sera plus convenable de le faire carreler. Ce sol sera chaque jour balayé et recouvert d'un peu de sable. Les perchoirs seront en bois *carré*, ils devront être grattés et lavés à l'eau chaude deux ou trois fois par mois ; ils seront disposés en gradins à la manière d'une échelle placée contre un mur. Les nids ou pondoirs, élevés à un mètre au plus du niveau du sol, seront garnis de foin que l'on aura soin de renouveler toutes les semaines. Ces nids ne devront jamais être pratiqués dans l'épaisseur des murailles, car alors ils seraient tellement froids, qu'ils pourraient nuire à la production abondante des œufs ; ils seront construits entièrement en planches, comme des boîtes, et une ouverture sera pratiquée pour laisser entrer la poule, l'intérieur sera garni de foin ; ainsi disposés, ils seront appliqués ou contre les murs, ou placés à une certaine distance si les murs sont humides, afin d'empêcher la fraîcheur qui pourrait provoquer des affections rhumatismales. Ces pondoirs seront placés dans un demi-jour, et dans l'endroit le plus paisible. Du reste tous ces détails se trouvent exposés plus au long dans une foule de livres, et nous n'avons ici rappelé que les points les plus importants de l'hygiène, que ceux qui avec les communications énoncées ci-dessus, forment l'ensemble qui comprend toutes les conditions qu'il faut remplir pour nourrir, soigner et entretenir convenablement les poules destinées à donner des bénéfices par la production des œufs.

B. — Pour conserver les poules dans l'état de graisse déterminé par l'emploi des meilleurs méthodes d'engraissement, il faut surtout se rappeler quelles sont les causes qui prédisposent les volailles à l'engraissement ; quelles sont les circonstances qui favorisent la continuité de ces causes. L'absence de toute excitation, des mouvements bornés, une chaleur de **16** à **18** degrés, une nourriture peu excitante, composée de graines et de racines cuites, de la boisson en suffisante quantité, voilà sommairement les points qu'il faut étudier, ceux dont il faut pratiquer les indications avec assiduité. Si pendant quelques jours vous livrez une poule très grasse à des exercices forcés, si en même temps vous lui donnez du grain ou des aliments excitants, en trois jours elle sera souvent devenue presque maigre. Ce fait en dit plus que beaucoup de réflexions. Cependant il paraît convenable de rappeler ici d'autres faits du même genre. Tous les marchands de volailles savent que les poules grasses qu'il faut faire voyager pendant plusieurs jours ont beaucoup perdu à leur arrivée, et que leur valeur vénale a beaucoup diminué ; aussi, presque toujours, ces volailles sont-elles tuées sur place pour les différents besoins de l'expédition. Il y a peut-être là des inconvénients considérables pour le commerce, car ne pouvant se conserver longtemps dans certaines saisons de l'année, ces volailles sont nécessairement livrées à bas prix et ne donnent pas à l'éleveur un rendement assez considérable. Il faut aussi du calme et de la tranquillité aux poules livrées à l'engraissement ; la circulation des gens de ferme, le passage des animaux, les tiennent inquiètes, les empêchent de manger aussi souvent, et prolongent la durée de l'engraissement ; nous voulons parler surtout des volailles qui sont soumises à l'engraissement mixte, car on sait que celles qui sont livrées à l'engraissement forcé reçoivent la nourriture par une véritable ingurgitation. Les soins de propreté seront indispensables pour empêcher le développement des vermines qui ne manquent jamais de déterminer une agitation nuisible à l'engraissement et des mouvements dont la fréquence est également contraire au but qu'on se propose. Ces soins de propreté indispensables dans toute bonne éducation des volailles sont encore plus impérieusement nécessités pour les volailles à l'engrais; par cette hygiène bien entendue, on écarte toutes les causes qui pourraient provoquer des maladies et prolonger la durée de l'opération lucrative. Ainsi donc les poulaillers seront plus fréquemment balayés, les excréments minutieusement enlevés. La ventilation sera complète, mais plus rapide que pour les autres modes d'éducation. La lumière ne devra jamais pénétrer abondamment dans l'intérieur des poulaillers; il sera convenable d'entretenir par des moyens artificiels, s'il le faut, une température douce dans l'intérieur du poulailler. Dans quelques localités de la France les épinettes destinées à l'engraissement forcé sont souvent placées dans l'intérieur des écuries, des étables et des chambres à four. L'eau qui sert aux boissons, celle qui doit entrer dans la composition des pâtées ou des pulpes alimentaires doit être choisie claire, aérée, legère et sapide ; il faut la renouveler fréquemment et veiller à ce qu'elle ne contienne jamais de parties étrangères. Tout ce que nous pourrions essayer de dire ici sur l'hygiène des volailles grasses, se trouvera mieux placé dans le chapitre relatif aux meilleures méthodes d'engraissement. Ces considérations hygiéniques paraîtront mieux déduites de l'ensemble des principes de l'engraissement et de sa formation.

C. Pour avoir rapidement des poulets forts, bien développés, d'une chair tendre et savoureuse, il faut, comme nous l'avons déjà dit, choisir des poussins nés au printemps dans les premières couvées. Lorsque les soins de la mère ne seront plus utiles, il faudra donner à ces jeunes volailles de l'avoine, du froment, des criblures ou du sarrazin ; de cette manière on hâtera singulièrement le développement du système osseux. Pendant les premiers temps nécessités pour ce résultat, il n'y a pas grand inconvénient à laisser courir en liberté les volailles et même à leur faire prendre un peu d'exercice. De cette manière les matériaux de la nutrition sont plus vivement sollicités à se- répartir uniformément dans les différents points de l'économie, et par suite à accroître la taille des oiseaux. Aussitôt qu'on aura constaté que les proportions en hauteur et en surface ont un développement convenable, il faudra de toute nécessité apporter quelques modifications dans l'éducation de ces volailles. Elles cesseront de courir en liberté, seront renfermées dans une cour où il n'y aura ni poules bavardes, ni coqs turbulents, ni poules de races variées. L'espace qu'on leur accordera pour s'ébattre sera restreint. Ces animaux devront rester dans l'intérieur du poulailler, s'il survient des froids, si les vents sont humides, et si la pluie dure plusieurs jours de suite. Alors aussi on pourra varier les grains qui leur seront donnés; leur distribuer un mélange légèrement tonique et excitant, ainsi on favorisera la nutrition du système musculaire, on obtiendra la tendreté de la viande, et si l'on ajoute à quelques pâtées composées de son, de pommes de terre, de racines cuites, de grains torréfiés, des plantes aromatiques hachées, comme la menthe et l'origan, que l'on peut sé procurer à peu de frais dans presque tous les points de la France, on aura donné aux animaux une chair savoureuse et agréable. Il va sans dire que les autres conditions hygiéniques, que celles relatives à la température, à la situation du poulailler et aux abris, aux soins de propreté, à la bonne qualité des aliments et à la salubrité de l'eau, sont aussi nécessaires pour ces volailles que pour toutes les autres.

De tout ce qui précède on peut donc donner comme conclusions les propositions suivantes :

1° Il faut à la poule pondeuse une nourriture spéciale et variée dans laquelle se trouvent surtout les principes nécessaires à la formation des œufs;

2° Une nourriture de mauvaise composition, quoique de bonne qualité, peut arrêter le développement des œufs, ils sont alors nommés œufs *hardés*. Si l'influence de cette mauvaise nourriture n'est pas arrêtée, la formation des œufs se ralentit et la poule ne tarde pas à cesser de pondre ;

3° Les aliments doivent être abondants et variés ; il est quelquefois convenable d'y ajouter quelques plantes excitantes. Il est à désirer, d'après le raisonnement et l'analogie, que l'on fasse quelquefois usage des plantes qui peuvent exciter spécialement les organes générateurs;

4° Les mouvements restreints, bornés, peu fréquents, une chaleur de 16 à 18 degrés, une nourriture molle, pulpeuse, abondante, composée de substances cuites, est surtout nécessaire aux volailles soumises à l'engraissement ;

5° Il y a deux phases bien distinctes dans l'éducation lucrative des poulets. Dans la première on leur donne du grain, on leur permet de l'exercice ; dans la seconde on borne les mouvements, on ajoute des aliments plus nutritifs, plus variés, et sur la fin on fait figurer dans les pâtées alimentaires des plantes aromatiques pour donner à la chair une qualité plus sapide;

6° Enfin l'air, les eaux, les lieux sont des points généraux dont il faut surveiller l'application favorable pour les poules pondeuses, les volailles grasses et les poulets.

CHAPITRE VIII.

Des soins à donner à la couveuse.

Beaucoup d'auteurs, parmi lesquels on peut citer Platon, Aristote, Pline, Plutarque, Columelle, puis Buffon, et après lui beaucoup d'autres, ainsi qu'un grand nombre de contemporains, ont tracé des pages brillantes sur l'instinct de la reproduction. C'est un sujet curieux et digne de la plus haute attention, il est épuisé, et après tant et de si habiles devanciers il ne nous reste rien à dire sur ce point. Le bon Plutarque a surtout reproduit avec simplicité le naturel et les qualités de la poule qui va couver; c'est à cette source naïve qu'on a souvent puisé l'éloge de la bonne couveuse. Sans donc nous arrêter à des considérations préliminaires, nous dirons que vers le mois de février, lorsque les poules ont déjà pondu quelques œufs, quelques unes commencent à éprouver le désir de les couver. Cette opération, par laquelle la poule accumule sur les œufs féconds de la chaleur pendant vingt et un jours, se nomme *l'incubation naturelle*. Plus loin, quand il sera question de la conservation des œufs, nous donnerons quelques détails pratiques sur les transformations qu'ils subissent par l'influence de l'air et de la chaleur. Cependant nous pouvons dire ici que les œufs, malgré leur coquille crétacée plus ou moins épaisse, laissent sortir de leur intérieur certaines parties réduites en vapeurs fines que les physiologistes appellent insensibles ; que l'air, les gaz, la chaleur, l'électricité, peuvent se rendre de l'extérieur à l'intérieur de l'œuf après avoir traversé l'épaisseur de la coquille. Il se fait donc une évaporation des parties aqueuses contenues dans l'œuf en même temps que l'air décomposé par le fœtus sert à en accroître le volume et en perfectionner le développement. Ces phénomènes, bien observés par Réaumur, constatés depuis par tous les observateurs, reçoivent une sanction vulgaire par la précaution qu'ont les marchands d'œufs de les agiter quand ils ont quelques doutes sur leurs qualités comestibles.

Si l'on ajoute que des pesées successives depuis le premier jusqu'au vingt et unième jour de l'incubation peuvent permettre de noter de grandes variations dans le poids de l'œuf, on comprendra que les choses doivent se passer comme nous l'avons sommairement indiqué ; on le comprendra d'autant mieux que, si le poids des œufs a toujours augmenté, naturellement il a dû emprunter à l'extérieur les matériaux de cette supériorité de poids. Mais pour que ce double mouvement, cette entrée et cette sortie des matériaux de l'accroissement du fœtus soit possible, il est à remarquer que certaines conditions sont indispensables. D'abord, c'est la chaleur qu'il faut en proportion convenable à des œufs dans lesquels le mouvement de la vie commence à pénétrer ; il faut que l'atmosphère ne recèle aucune cause de nuisance ; ainsi, l'électricité accumulée en trop grande quantité, la présence de l'acide carbonique ou d'autres gaz impropres à la respiration ou à l'entretien de la vie des animaux, peuvent détruire l'œuvre commencée. Quand l'air est trop froid, si cette basse température n'est pas trop marquée, l'œuf subit un arrêt de développement et reprend son évolution naturelle quand les conditions de la chaleur sont redevenues ce qu'elles doivent être. Chose remarquable, par l'accumulation, la concentration de la chaleur, par son rayonnement plus complètement appliqué à la surface de l'œuf, on n'arrive jamais à hâter l'éclosion du poussin. Le vingt et unième jour, composé de trois fois sept, (nombres qui ont profondément exercé l'imagination des anciens et le génie de leur observation), est toujours le terme fixe et invariable. Le froid, au contraire, peut suspendre pendant quelque temps le développement du germe. Des naturalistes ont observé que des œufs d'insecte sont ainsi ralentis dans une des phases de leur évolution; quoi qu'il en soit, revenons à une manière de parler plus pratique, efforçons-nous d'être clair pour le plus grand nombre des lecteurs auxquels cet ouvrage est destiné. De ce qui précède on peut de suite tirer des conclusions. Ainsi, quand la poule commence à couver, il faut qu'elle soit mise à l'abri du froid, que le couvoir dans lequel elle s'abrite soit suffisamment garni de foin, que le poulailler soit tenu dans un état de propreté parfait, qu'il ne séjourne dans le voisinage aucune matière dont la décomposition pourrait donner lieu à des gaz nuisibles aux œufs. S'il

survenait des froids extraordinaires, c'est alors
qu'il faudrait redoubler d'attention pour nourrir
convenablement la couveuse. Lorsque la poule
se livre à l'incubation, il s'opère dans son corps
des changements remarquables; la chaleur animale avait été pendant quelque temps concentrée
sur les organes générateurs; elle s'était mani-
festée plus abondante pour ainsi dire sur les
parties que ces organes générateurs tiennent
sous une dépendance sympathique, et voilà
maintenant que cette chaleur naturelle subissant
une curieuse migration se localise dans les muscles pectoraux et sous l'abdomen de la poule. En
effet, ces conditions étaient nécessaires, car c'est
par cette partie de son corps devenu plus chaud
que la poule se met en contact avec les œufs. Si
donc il survient des froids intempestifs, il faut
se rappeler que certaines nourritures excitantes,
que des plantes stimulantes jouissent de la propriété d'augmenter la chaleur naturelle des animaux. On donnera donc alors à la poule une
nourriture copieuse, on la composera d'une certaine proportion d'avoine, de sarrazin, de criblures; on ajoutera des vesces, des pois jarosses,
quelquefois l'on donnera des pâtées de son, de
racine et de pommes de terre cuites dans les-

quelles on incorporera de la menthe, de l'origan et un peu de tanaisie. A ce sujet disons de suite que ces trois dernières plantes sont si vulgaires dans presque tous les points de la France , que tout éleveur qui voudra suivre à peu de frais les bonnes méthodes aura soin de faire, en temps convenable, la récolte de ces plantes. La menthe, principalement l'aquatique , espèce la plus commune , sera cueillie en juillet ou dans les premiers jours du mois d'août, on laissera lentement sécher ces plantes à l'ombre et on les conservera pour l'usage. L'origan a déjà acquis toute sa force aromatique sur la fin de juin, c'est alors que dans presque tous les points de la France on pourrait en faire provision avec les mêmes soins que pour la menthe. La tanaisie , belle plante employée dans la teinture et dans la médecine de l'homme, croît communément dans les terrains argileux, elle se plaît dans les lieux bas et humides, sur le bord des ruisseaux et des fleuves, elle n'acquiert la maturité convenable qu'à la fin de septembre ou dans les premiers jours d'octobre, c'est alors qu'il faut la couper, la sécher et la conserver. Mais terminons cette courte digression ; c'est donc par une nourriture toute particulière , composée comme nous venons de le dire, que l'on peut triompher des obstacles que de grands froids imprévus mettraient à l'incubation naturelle. Par ces moyens la chaleur propre à la poule continuera de s'accumuler dans les muscles pectoraux. On continuera de noter ce qui se passe habituellement dans cet endroit du corps de l'animal. Par suite de la vive excitation déterminée en cet endroit la peau rougit, s'irrite dans les couches les plus superficielles, communique cette irritation aux bulbes des plumes, et bientôt l'on voit se manifester une chute plus ou moins considérable de plumes. La peau apparaît en certains points tout à fait dégarnie, elle est alors d'un rouge vif. En général, quand cette disposition est très prononcée et que la poule a pour ainsi dire le poitrail et le dessous du ventre chauves ou alopéciques, comme diraient les médecins, elle a atteint le maximum dans la faculté qu'elle a d'accumuler sur ces points sa chaleur naturelle ; toutes ces poules déplumées sont donc aussi, en général, de bonnes couveuses. Dirons-nous ici, en répétant ce qui a déjà tant de fois été répété, qu'il faut de la tranquillité et du calme à la poule qui couve ; que les frayeurs et les agitations lui sont nuisibles, que le bruit des pas, la vue des animaux étrangers doivent être écartés, que sa boisson, que ses aliments doivent être copieux et de bonne qualité. On la verra alors attentive et soigneuse ne quitter ses œufs qu'à de rares intervalles; ajoutez même qu'il ne sera pas rare de la voir prendre sa nourriture sans cesser de se livrer à l'incubation. Quand on considère d'un œil attentif la physionomie d'une poule qui couve, si surtout l'on fait cette observation de manière qu'on ne puisse pas être vu de l'animal, on constate qu'elle exprime la plus parfaite tranquillité, que son œil est placide, heureux, et qu'à part les phénomènes instinctifs il semble y avoir dans tout son être une jouissance physique bien prononcée. Dans ces conditions la poule passe vingt et un jours attentive à dispenser la chaleur et à communiquer une certaine électricité animale aux germes fécondés. Certaines personnes pensent qu'il est convenable de retourner les œufs et de les disposer de manière à ce qu'ils reçoivent sur toutes les faces une dose égale de chaleur; cette précaution est inutile, intempestive, la poule saura mieux s'y prendre et plus sûrement. Il est à remarquer que la couveuse ne fait subir des changements de position aux œufs qu'elle couve que dans les premiers jours de l'incubation, le germe gagnant alors la partie supérieure de l'œuf tel qu'il est placé ; plus tard le petit poulet, avec ses ailes rapprochées et son cou ramené jusqu'à niveau du dos, ne peut plus se mouvoir dans l'œuf. L'instinct de la mère ne connaît pas ce détail physiologique, sans doute, mais par le fait elle agit comme si elle le connaissait.

Nous avons dit plus haut que l'incubation, chez beaucoup de poules, commence dans les premiers jours de février ; si alors les grands froids sont passés, c'est le moment de favoriser l'incubation pour les différents motifs déjà déduits dans les chapitres précédents. En mars et avril le désir de couver devient plus général chez les pondeuses, il se continue jusqu'en juin, juillet, quelquefois même août et septembre ; mais il est bon de ne pas trop favoriser les incubations de ces deux derniers mois. Nous avons dit aussi les raisons sur lesquelles nous appuyons cette manière de voir. Les poules, comme beaucoup d'animaux, cèdent à l'instinct d'imitation, quelques bonnes couveuses placées dans des pondoirs propageront bientôt le désir de couver. S'il paraissait y avoir du retard et de la lenteur, on donnerait la nourriture excitante dont nous avons parlé tout à l'heure. Si malgré ces soins les résultats étaient nuls, il faudrait alors choisir les poules qui ont les attributs des bonnes couveuses, celles dont les ailes sont un peu développées, dont la poitrine et le ventre sont larges, leur arracher sous le ventre et en avant de la poitrine quelques plumes et frapper légèrement ces parties dénudées avec quelques tiges d'ortie; par ces moyens on aura sollicité la chaleur naturelle à s'accumuler dans les muscles pectoraux, et on aura fomenté l'instinct qui entraîne la poule à couver. Sur ce point de nombreuses explications ne font pas faute; les uns disent que l'animal éprouvant une vive douleur cherche à la calmer en appliquant la partie douloureuse sur un corps lisse; d'autres racontent que l'œuf étant plus froid la poule calme ainsi la vive chaleur qu'elle éprouve, quoique les œufs bientôt en équilibre de température ne soient qu'un calmant d'une bien courte durée. Quoi qu'il en soit, négligeons ces détails plantureux, ils sont inutiles; nous avons dit qu'en arrachant des plumes et qu'en frappant d'orties les poules déplumées on éveille en elles le désir de couver, le fait est juste, constant; il suffit. Si nous ajoutons que les coqs, les poltrons surtout, deviennent quelquefois couveurs par ce procédé, nous aurons dit tout ce qu'il y a d'utile à raconter sur ce point.

Loin d'avoir besoin d'être stimulé, le désir de couver est quelquefois si développé dans certaines poules, que l'éleveur qui recherche les produits en œufs se verra dans la nécessité de parer à cet inconvénient. Divers moyens ont été proposés pour empêcher les poules de couver, mais ceux qui réussissent surtout sont remarquables en ce sens qu'ils remplissent exactement l'indication nécessaire. Si l'on se rappelle que la chaleur accumulée sous le poitrail et sous le ventre, naturellement ou artificiellement, engage la poule à couver, on comprendra que tout ce qui peut diminuer, ralentir, éteindre même cette chaleur locale, est capable d'empêcher la poule de couver. Trempez-lui donc la poitrine dans l'eau fraîche, réitérez quelquefois cette précaution ; donnez du seigle, une nourriture relâchante, plus copieuse, ventilez plus fréquemment la partie dans laquelle séjourne l'animal, vous aurez bientôt éteint le désir de couver.

Maintenant que les poussins sont éclos d'autres faits vont surgir ; lisez Buffon et les savants qui sans avoir les qualités de son style se sont complu dans des narrations, dans des amplifications, et vous trouverez tout ce qu'il faudra pour vous faire comprendre (pas mieux toutefois que vous ne l'avez compris en le voyant) combien la poule est vigilante, attentive pour ses poussins. Bonne mère, dévouée, pleine d'abnégation, elle ne fera pas comme le pélican, mais elle se refusera souvent la nourriture qu'elle donnera à sa jeune famille. Lisez Plutarque dans son candide traducteur ; Amyot vous reproduira un tableau naïf, touchant, pastoral, rappelant ou une idylle de Théocrite ou une églogue de Virgile.

Nous ne terminerons pas ce chapitre sans faire mention d'un préjugé que nous a signalé M. H. Binet. On prétend que les animaux qui ont été couvés par des dindes peuvent bien se reproduire, mais que les poules provenant d'une semblable couvée, perdent le désir de couver, et que cet instinct est pour toujours aboli en elles. C'est une erreur que le raisonnement, les faits et l'expérience rejettent tout à la fois.

De tout ce qui précède il est simple de tirer les conclusions suivantes :

1° L'incubation, dont la durée est de vingt et un jours, peut être de vingt-trois, vingt-quatre et plus s'il survient des froids pendant que la poule couve ; la chaleur augmentée n'abrége pas la durée de l'incubation ;

2° La chaleur naturelle de la poule qui couve s'accumule dans les parties qui doivent être en contact avec les œufs. On peut par des méthodes artificielles développer le désir de couver ;

3° Il faut une nourriture spéciale à la poule qui couve ; si des froids surviennent, cette nourriture doit être excitante.

CHAPITRE IX.

Le hasard est l'artisan d'un bien grand nombre de découvertes. Est-ce à lui qu'on est redevable des notions que l'on possède maintenant sur l'incubation artificielle ou l'art de faire éclore des poussins, en soumettant des œufs à une chaleur convenable? Il est peu intéressant de rechercher ce point de l'histoire ; cependant il nous semble que la coutume particulière à l'autruche de déposer ses œufs sur le sable, aura donné l'éveil à l'observation si savante des prêtres égyptiens. On lit les paroles suivantes dans le livre de Job :

« Quand l'autruche abandonne ses œufs sur
« la terre, est-ce toi qui les réchauffes? Elle
« oublie que le pied du voyageur peut les
« écraser, et que l'animal du désert va les bri-

« ser, etc. (Chap. xxxix). » Remarquons bien,
en passant, que l'autruche, suivant le texte qui
précède et contrairement à l'opinion vulgaire,
n'enfouit pas ses œufs ; elle les dépose sur le
sable et les couve réellement.

Aristote raconte d'une manière incomplète ce
qu'on lui avait dit du procédé qu'employaient
les Égyptiens pour faire éclore les poulets, il
commet des erreurs lorsqu'il parle du fumier
pouvant par la chaleur qu'il développe, suffire à
l'évolution, à l'entretien et à la vie de l'œuf.
D'après ce que nous avons dit plus haut, il est
naturel de penser que l'œuf placé dans de pareilles conditions ne pourrait respirer. Si le germe
avait reçu une étincelle de vie, elle serait éteinte
et suffoquée ; si la vie s'était prolongée, l'em-
bryon serait asphyxié. Quoi qu'il en soit, les
auteurs anciens racontent que les prêtres égyptiens étaient possesseurs, dès la plus haute antiquité, des procédés au moyen desquels il est
facile de faire éclore des œufs. Le village de
Bermée, sur les bords du Nil, jouissait d'une
grande réputation pour ses mamals ou couvoirs
artificiels. Par la tradition, les connaissances pratiques se répandaient et passaient d'une génération à une autre, comme on voyait l'art, la science

et l'histoire se transmettre dans notre ancienne Gaule par l'initiation des Druides. Il y avait presque serment pour la non-révélation, ce qui explique le langage diffus des savants et des naturalistes qui ont voulu disserter sur ce fait et en donner l'explication

Si l'on se demande maintenant par quelle raison, par quelle suite d'idées, les Égyptiens avaient pu adopter cette méthode artificielle d'incubation, il sera facile d'y répondre. Dans les climats chauds, la chaleur naturelle des animaux tend à se disséminer sur tous les points de la surface du corps; mais par suite de la plus grande transpiration, on remarque surtout à l'extérieur un certain abaissement de température. Ces conditions physiologiques sont surtout mises en évidence par les procédés d'incubation artificielle particuliers à plusieurs oiseaux des climats chauds. Ainsi, le Talegalle de Latham, qu'on voit dans certaines basses-cours de l'Australie, dit M. J.-P. Verreaux, ne couve pas ses œufs. Lorsque la saison de la ponte arrive, toute la troupe se réunit pour former, avec les débris de végétaux qu'elle trouve dans la basse-cour, une meule de douze à quinze pieds de hauteur sur vingt à trente de circonférence. Chaque femelle creuse un trou de vingt à trente pouces sur la partie supérieure de cette meule, y dépose ses œufs, qu'elle a soin de placer perpendiculairement, le gros bout en haut, et les recouvre. La chaleur, dégagée de cette masse de végétaux, produit l'incubation ; à l'époque où les petits sont prêts à sortir, chaque femelle revient chercher ses poussins. Dans les Mégapodes, l'espèce des Philippines enfouit profondément ses œufs dans le sable (deux pieds) et les recouvre ; l'incubation se fait par la chaleur solaire. Au moment de l'éclosion, ces oiseaux viennent chercher leurs petits.

Ainsi, dans les climats chauds, par suite de la dissémination de la chaleur naturelle, et de l'exagération de la transpiration, les poules sont peu portées à couver ; par suite aussi elles mettent en question le nombre suffisant de l'espèce reproduite. Il fallait donc obvier à cet inconvénient, et l'incubation artificielle y pare facilement. Pour nos climats, quant au bénéfice qu'il peut y avoir dans la vente des œufs, soit en France, soit à l'étranger, l'incubation artificielle est encore une méthode qui peut présenter de grands avantages. En effet, si la poule couve deux fois par an, et que ce phénomène se produise en

grand sur de nombreux troupeaux ; le temps passé
pour la perfection de l'incubation , celui que
l'élève des poussins demande, rendent la poule
improductive pendant un trop grand nombre de
jours. Par l'incubation artificielle on comble ces
lacunes improductives , on obtient en œufs un
en-plus considérable , et par suite, si l'on veut
faire des poulets, on a, ou un nombre égal, ou un
nombre augmenté de produits. Toutefois la question est subordonnée à des calculs pour le prix
de revient et les frais généraux de l'incubation
artificielle.

L'art de faire éclore artificiellement les poulets fut donc pendant longtemps le privilége de
l'Égypte ; mais quand cette contrée fut réduite
en province romaine et que le préfet consulaire
de Rome y eut établi la domination de cette ville
désormais insatiable, tous les avantages matériels
que renfermait la province conquise devaient bientôt tourner au profit de la métropole. Cependant,
trop préoccupée des intérêts matériels, depuis
longtemps la République romaine laissait aux Bar-
bares soumis le soin de perfectionner les lettres,
l'agriculture et tout ce qui se rattachait à l'économie rurale. Quelques essais furent tentés, et
soit que le climat parût peu favorable, soit que le

moyen de faire éclore des poulets artificiellement présentât peu d'indications lucratives, cet art égyptien ne prit aucune extension. Nous avons déjà rappelé l'anecdote de Livie rapportée par Pline, enrichie et augmentée par Suétone. Le petit poulet impérial sembla ranimer la curiosité ; on essaya la méthode incomplète décrite par Aristote ; on employa d'autres méthodes plus ou moins vicieuses, et si des résultats furent obtenus, comme ils étaient négatifs au point de vue du bénéfice, l'art de faire éclore les poulets rentra bientôt dans le silence où il était resté si longtemps. On trouve dans le *Nouveau Dictionnaire d'Histoire Naturelle*, par Parmentier, Virey, etc. ; dans l'*Ornithotrophie* de l'abbé Copineau ; dans Olivier de Serres, Réaumur et dans beaucoup d'autres ouvrages, des détails histoririques très étendus sur l'incubation artificielle. De ces auteurs, les uns se bornent à rappeler des récits de voyageurs témoins oculaires, des descriptions tirées d'ouvrages anciens ; d'autres ajoutent à ces détails des raisonnements plus ou moins critiques ; Réaumur contrôle par l'expérimentation la méthode des Berméens, mais il n'en donne pas toujours une explication exacte, et, trop préoccupé de son précieux thermomètre, il

arrive à conclure que l'incubation artificielle ne
réussit pas en France d'une manière profitable
pour l'exploitation, parce que cette contrée ne
possède pas la température favorable de la Haute-
Egypte. Nous nous bornerons à indiquer ces
sources abondantes à ceux qui voudraient de
longs détails sur les mamals, les couvoirs, les
procédés anciens de l'incubation artificielle. Nous
ajouterons cependant que le mouvement civili-
sateur communiqué aux différentes nations euro-
péennes par la prise de Constantinople, l'inven-
tion de l'imprimerie, la découverte du Nouveau-
Monde, engagea les esprits à l'inventaire presque
général des notions léguées par l'antiquité. Si
d'un côté la philosophie, la métaphysique, la religion, rehaussaient les imaginations d'une manière spéculative, il n'est pas moins vrai que la
soif de l'or armait des flottes, faisait entrepren-
dre de longs voyages et poussait à la recherche
du positif et de tout ce qui pouvait rapporter un
profit ou un bénéfice. On vit donc à Florence, à
Naples, des fours berméens pendant la Renaissance. Charles VII à Amboise, François Ier à
Montrichard, établirent des couvoirs artificiels.
On put croire que la pratique égyptienne allait
devenir familière à l'Europe. Les instructions

répandues alors pour vulgariser les procédés, les
tentatives faites en ce genre furent inutiles, et
ce sujet d'étude si souvent évoqué en vain rentra
encore une fois dans l'oubli. Cependant le per-
fectionnement apporté aux différentes branches
de l'agriculture et de l'économie rurale ramena
souvent cette question à la surface, ce fut toujours avec aussi peu de bonheur. Enfin la campagne d'Egypte entreprise par la République
Française sous le commandement en chef des
généraux Bonaparte et Kléber, permit à un
grand nombre d'observateurs de voir et d'examiner avec attention les nombreux mamals ou
fours à poulets de l'Egypte. Bien des détails ont
été donnés sur ce point; nous les avons presque
tous lus, nous ferons ici passer sous les yeux des
lecteurs quelques lignes d'un ouvrage de A. Galand, membre de la commission des sciences et
des arts séant au Caire, tom. ı, pag. **270** (*Tableau de l'Égypte*). Nous préférons cette citation
parce qu'elle ne renferme aucune vue systéma-
tique et qu'elle émane d'un observateur instruit,
curieux et attentif. Voilà donc ce qu'il dit :

« Avant de quitter Gyzéh, je voulus visiter
« les fours où l'on fait éclore les poulets. L'em-
« placement est une longue galerie où l'on voit

« de chaque côté une série de cellules à double
« étage, exactement dans la forme de nos fours.
« La cellule du bas étage communique à la su-
« périeure par une ouverture pratiquée au mi-
« lieu, et celle-ci reçoit le jour par une semblable
« ouverture, mais plus petite. La bouche de
« chaque four ou cellule donne sur la galerie.
« Cette bouche est si étroite qu'un homme a de
« la peine à y passer ; elle est close les dix ou
« douze premiers jours, après quoi on l'ouvre.
« Le poulet reste environ vingt jours à éclore ;
« il est peu d'œufs qui ne réussissent.

« On a dépecé les coques d'une fournée en
« notre présence. Cette opération se fait très
« vite et sans beaucoup de ménagement pour
« ces petites bêtes qu'on jette à l'extrémité du
« four les unes sur les autres, comme des pierres
« sur un tas ; néanmoins il en périt rarement.
« A peine les poussins ont-ils vu le jour, que
« leur premier mouvement est de piauler ; le
« second de chercher leur nourriture ; mais ils
« en sont privés tout le temps qu'ils restent
« dans le lieu de leur naissance, d'où ils sortent
« le troisième jour pour être vendus, ou remis
« à leurs propriétaires. Ces fourmilières de ba-
« bil ards, car il y en a des milliers, sont vrai-

« ment curieuses et intéressantes. Les gens pré-
« posés à ce travail sont tellement faits à la
« température convenable, qu'ils n'ont d'autres
« guides que l'instinct de l'habitude. *Au reste.*
« *cette méthode ingénieuse de propager l'es-*
« *pèce est nécessaire dans un climat où je ne*
« *me rappelle pas avoir vu une poule témoigner*
« *le moindre désir de se trouver à la tête d'une*
« *petite famille.* »

Si nous quittons l'Égypte pour examiner les procédés chinois à l'aide desquels on obtient des canards et des oies, nous voyons encore un procédé vulgaire répandu par la tradition et une pratique spéciale former une branche d'industrie très lucrative. Les méthodes sont tout à fait différentes, elles n'ont de commun avec celles de l'Egypte que la chaleur entretenue méthodiquement par des gens dont l'instinct en ce genre est très subtil. On trouve une curieuse relation de ces procédés d'incubation artificielle dans l'*Histoire du grand royaume de la Chine* faite en espagnol par le R. P. Ivan Gonzalès de Mendoce et mise en françois par Luc de la Porte en 1600. Les cages, placées dans des jonques chinoises, sont nommées *cannisardes;* elles fonctionnent avec une activité qui ne le cède en rien à celle des couvoirs de l'Egypte; mais comme tous les détails qui se rattachent à cette pratique nous écarteraient trop du sujet, nous renvoyons à Ivan de Gonzalès.

De ces faits, nous arrivons en négligeant beaucoup de détails inutiles, aux méthodes actuellement suivies en France. Presque toutes se rattachent aux procédés décrits par Réaumur, l'abbé Copineau, Dubois, Bonnemain, Martial et Bonnes. Nous regrettons de ne pouvoir entrer ici dans les descriptions minutieuses qui se rattachent à ces procédés, nous indiquons les sources où on pourra les puiser; comme nous, l'on pourra voir que nos méthodes sont loin de la perfection égyptienne. En effet, tantôt la chaleur amène une évaporation trop lente des fluides de l'œuf, d'autres fois elle est trop rapide et le plus souvent les résultats ne donnent pas les bénéfices que l'on pourrait attendre de ce genre d'industrie. MM. Tricoche et Adrien jeune ont fondé en 1848, à Vaugirard, près Paris, un établissement pour l'incubation artificielle des œufs de poule. Leur système offre une grande simplicité; jusqu'à présent c'est la seule manière qui ait donné en grand des résultats avantageux. Le procédé est plus simple que tous ceux connus jusqu'à pré-

sent. Si nous le décrivons incomplétement nous
en rapporterons cependant les bases essentielles
à connaître. Dans une cloche de métal mince et
renversée se trouvent situés des tiroirs où les
œufs sont déposés sur de la balle d'avoine et re-
couverts par une toile de caoutchouc. A la partie
inférieure de la cloche, un réservoir d'eau chauffée
avec le charbon de bois, amène par des tubes
disposés à cet effet, l'eau à une température convenable, sur les lames de caoutchouc. Par une
disposition qui rappelle le mécanisme des fon-
taines intermittentes, lorsque l'eau est condensée
par la perte du calorique, il se produit un changement dans les surfaces ; l'eau refroidie descend
dans le réservoir et se trouve remplacée par une
quantité égale d'eau plus chaude. Cette opération
surveillée avec attention est continuée pendant
toute la durée du temps nécessaire à l'éclosion
des poulets. Sans nul doute, les résultats avantageux de cette méthode sont dus surtout à la
fixité de la température, aux conditions d'humidité contenues dans l'air qui se trouve en rapport avec les œufs ; c'est surtout cette méthode
qu'il faudrait s'attacher à propager ou à perfectionner s'il est possible.

Comme on le voit, l'incubation artificielle n'est

pas une entreprise que l'on puisse tenter sans
de grandes connaissances pratiques, sans une
étude plus ou moins approfondie des procédés
anciens, sans une méditation soutenue sur les
théories et les réflexions proposées par les différents auteurs que nous avons signalés. Si nous
avons abordé cette partie de la question qui se
rattache à l'élève des poules, c'était plutôt pour
exciter, appeler des réflexions, des tentatives sur
ce genre d'industrie que pour proposer une théorie nouvelle. Nos études ont été sur ce point
toutes de lecture et de raisonnement, nous ne
possédons aucunes notions pratiques qui nous
soient propres.

M. H. Binet qui a essayé en amateur plusieurs
procédés pour l'élève des poules, nous a raconté
que l'on rencontre souvent un préjugé relatif à
l'incubation artificielle. On dit que les coqs qui
sont obtenus, que les poules qui sont développées par l'incubation artificielle, ne peuvent ni
féconder ni être fécondées; on ajoute que ces
poules ne pondent pas ou pondent très peu.
Réaumur avait déjà voulu répondre à ces objections faites à l'incubation artificielle. Il a entrepris des expériences qui lui ont fait voir que les
coqs et les poules obtenus par ce procédé jouis-

sent de toutes les qualités que possèdent les animaux qui ont été développés et suivis par la mère couveuse. L'observation de chaque jour confirme les expériences de Réaumur.

De tout ce qui précède, nous tirerons les simples conclusions suivantes :

1° L'art peut remplacer la poule couveuse et faire éclore des œufs ;

2° Le procédé des Égyptiens connu dès la plus haute antiquité et pratiqué en grand dans la Haute-Egypte est le procédé par excellence ;

3° Les tentatives faites pour propager la méthode égyptienne ont été infructueuses dans l'ancienne Rome, dans la Grèce et en France à l'époque de la Renaissance ;

4° Depuis une trentaine d'années des méthodes compliquées ont été essayées, elles ont été incomplètes et partant plus onéreuses que lucratives ;

5° L'établissement de MM. Tricoche et Adrien jeune est digne d'exciter l'émulation des éleveurs intelligents et zélés ;

6° Il est à désirer que cette question soit sérieusement pratiquée, elle pourrait s'étendre au commerce des canards, des oies, des dindons et de tous les oiseaux recherchés pour leur chair ou pour les produits qu'ils donnent.

CHAPITRE X.

Des différents procédés de conservation des œufs.

Les œufs par les avantages nombreux qu'ils présentent, soit comme aliment, soit comme substance utile dans l'industrie, ont, dès la plus haute antiquité fait le sujet d'une grande quantité de discours, d'études et de recherches. Les naturalistes, les médecins, ceux qui s'occupent d'économie rurale, ont envisagé la question à différents points de vue. En hygiène, l'œuf est surtout très minutieusement étudié ; c'est une nourriture riche, réparatrice, légère et de facile digestion ; elle convient aux convalescents. Les règles qui indiquent le meilleur choix à faire dans les œufs acquièrent une importance peut-être un peu exagérée dans les livres qui en parlent. Outre que ces œufs doivent être blancs, ongs, nouveaux, il faut encore considérer l'âge de la poule qui les a pondus, ses qualités, l'alimentation dont elle a fait usage, le pays qu'elle habitait. Si vous vous tournez du côté des naturalistes, vous voyez surgir des questions comme aimaient à en résoudre les anciens. A quels signes reconnaît-on que la poule a fait un œuf fécondé ou non fécondé? S'il est fécondé, quels indices extérieurs peuvent trahir la présence future d'un poussin mâle ou femelle? Viendront ensuite des raisonnements sans base, subtils comme le sujet de la recherche. Les renseignements ne seront pas plus positifs du côté des hommes qui ont presque toujours les qualités pratiques; les vieux auteurs d'agriculture, d'économie rurale, parlent de la coloration de l'œuf, de sa forme, de son poids, et tirent de là des raisonnements desquels procèdent des déductions illusoires sur les qualités alimentaires de l'œuf, sur la facilité avec laquelle il peut être conservé longtemps, sur le goût probable qu'il doit avoir. Les anciens et le poète Horace formulaient pour les œufs qu'ils devaient être blancs, longs et nouveaux; tels ils devaient être pour avoir les conditions les plus convenables à la santé. Blancs, longs et nouveaux ont poussé des racines co-

pieuses dans les commentaires verbeux des auteurs du XVIIe siècle. C'est dans ces commentaires qu'on retrouve souvent accumulée d'une
manière indigeste l'érudition antique : Hippo-
crate, Galien, Aristote, Pline, Columelle, Varron,
Dioscoride, Aëtius, P. d'Égine, Oribase, se prê-
tent tour à tour appui ou contradiction ; le plus
souvent il ne ressort de toutes ces lectures qu'une
aridité tout à fait stérile. En ce point nous sommes à peu près les dignes fils de nos devanciers.
A part quelques procédés de conservation, dont
nous parlerons tout à l'heure, les différentes
questions qui ont préoccupé les anciens et leurs
commentateurs sont encore aussi peu avancées.
Ici l'expérience pratique l'emporte encore sur les
raisonnements, sur l'érudition, et nous nous rappelons ce que Montaigne dit de l'expérience dans
le chapitre 13 du IIIe livre de ses *Essais :* « Tou-
« tefois, dit-il, il s'est trouvé des hommes et
« notamment un en Delphes qui recognoissoit
« des marques de différence entre les œufs, si
« qu'il n'en prenoit jamais l'un pour l'autre. Et
« y ayant plusieurs poules sçavoit juger de la-
« quelle estoit l'œuf. La dissimilitude s'ingère
« d'elle-même en un ouvrage, nul art ne peut
« arriver à la similitude. » Nous avons vu des

ménagères et plusieurs autres personnes qui avaient acquis par l'habitude et par l'expérience journalière le tact du Delphien dont parle Montaigne. Tous les jours aussi nous voyons les marchands d'œufs reconnaître très promptement par un examen rapide les œufs de bonne qualité. ceux qui commencent à se détériorer, ceux qui ont vieilli, ceux enfin qui seraient d'une conservation difficile.

Il n'y a pour le moment, qu'un intérêt de vaine curiosité qui pourrait s'attacher à l'étude des signes par lesquels on reconnaît qu'un œuf doit donner un coq ou une poule. Il n'en est pas de même de l'œuf fécondé ou non fécondé. Nous allons bientôt dire que l'œuf fécondé se conserve plus difficilement, s'altère plus promptement et perd aussi plus vite les qualités sapides sans lesquelles cet aliment n'est plus que désagréable, quand, de plus, il n'est pas nuisible à la santé. Mais ici, bien que le sujet soit d'une curiosité plus pratique et plus fondée, les anciens et nos contemporains n'en savent pas plus les uns que les autres.

Passons donc rapidement sur tous ces détails déjà trop longs, puisqu'ils n'amènent aucune conclusion positive. Il nous faut rechercher maintenant et dire à quels signes on reconnaît que des œufs possèdent les propriétés qui les font si justement considérer comme un aliment de bon goût.

Si l'on se rappelle ce qui a été dit plus haut sur la nature de l'œuf, on sait déjà qu'il est doué d'une vie qui lui est propre, que l'air y entre et que les liquides emprisonnés dans la coquille blanche et crétacée peuvent sortir par les pores de cette enveloppe. Si l'air peut y entrer, les gaz, les vapeurs peuvent aussi y pénétrer ; il s'en suit donc que les œufs peuvent subir des altérations par les causes qui nuiraient, en général, aux animaux. Ce double mouvement d'entrée et de sortie est beaucoup plus considérable pour la perte que l'œuf peut éprouver que pour l'apport qui peut s'y faire ; nous voulons ici parler de l'œuf qui n'est pas soumis à l'incubation. On lit dans Parmentier que l'évaporation qui a lieu dans les œufs est telle qu'un œuf frais pesant 1,025 grains 1/3, mis à Stockholm sur une fenêtre, perdit en huit mois 222 grains 3/4 de son poids. « J'ai « trouvé, dit l'abbé Copineau, par des expé- « riences réitérées que les œufs, en vingt jours « d'incubation, perdaient sous la poule un sixiè- « me et un septième de leur poids ; que pendant

« le même temps des œufs enfermés dans l'ar-
« moire d'une chambre à un second étage, au
« mois de juin et de juillet, n'avaient perdu
« qu'environ un trentième de leur poids ; et que
« des œufs couvés par la chaleur humaine
« avaient perdu de onze à douze de leur poids,
« au moment où ils allaient éclore. » En vertu
de cette évaporation signalée par tous les auteurs
il se forme dans l'œuf un vide plus ou moins
considérable, auquel M. Léveillé donne le nom
de *chambre aérienne de l'œuf*. Cette chambre se
remarque vers le gros bout de l'œuf ; elle est
d'autant plus spacieuse que l'œuf est plus ancien.
L'œuf nouvellement pondu ne présente pas cette
chambre. Il est facile, par la cuisson prolongée,
de constater ces variations en choisissant des
œufs dont on connaît la date et qui sont pris depuis ceux du jour jusqu'à ceux qui ont un âge
avancé. C'est donc à la présence prolongée de
l'air dans l'œuf qu'il faut attribuer les transformations qui doivent le rendre de nulle valeur pour
la cuisine. L'air ne séjourne trop longtemps sans
se renouveler dans l'intérieur de l'œuf, que par
suite de l'épaississement que subit la membrane
dont se trouve immédiatement tapissée la coquille
de l'œuf ; joignez à cela que les parties les plus

fluides ont disparu, que l'air se trouve en rapport avec les principes les plus animalisés, avec ceux qui renferment des parties qui entrent facilement en fermentation et qui contiennent une proportion notable de soufre. Chacun a pu constater la présence du soufre dans l'œuf; c'est à son existence qu'il faut rapporter la couleur noirâtre que prend l'argenterie; cette teinte noirâtre n'est autre chose qu'un sulfure. Ceux qui ont bu des eaux sulfureuses, et principalement de celles d'Enghien, savent qu'elles rappellent le goût et l'odeur des œufs pourris. De ces données on peut conclure : que l'œuf déjà ancien aura dû perdre par le mouvement naturel de l'évaporation une quantité plus ou moins considérable de ses éléments constitutifs. Il sera donc d'un poids moindre; de plus, quand on agitera l'œuf on éprouvera dans la main un certain ébranlement qui rappelle l'action du marteau d'eau. Les marchands d'œufs jugent très bien de la densité des œufs; ils ont, qu'on nous passe le mot, une expérience delphienne sur le rapport qu'il doit y avoir entre le volume de l'œuf et son poids. Mais il suffit, dans l'expérience journalière, d'agiter l'œuf, de le soupeser, pour avoir déjà des préjugés favorables ou défavorables sur ses qualités. Si l'on met ensuite l'œuf entre l'œil et la lumière on trouve une moindre transparence dans les œufs anciens que dans les œufs nouveaux. De ce fait nous pourrions donner une explication motivée, empruntée à M. Roux, chirurgien de l'Hôtel-Dieu. Qu'il nous suffise ici de dire que cette transparence, que cette opacité obtenue par l'opération que les marchands nomment le *mirage*, n'est pas aussi fondée qu'on pourrait le croire d'abord, qu'il ne faut lui accorder qu'un faible degré d'importance. Toutefois, comme nous avons fait plus haut une large part à l'expérience, nous ne voulons pas contester qu'il soit possible d'acquérir en ce genre un tact comme celui que possèdent les Berméens et les Chinois pour l'incubation artificielle.

Etant bien comprises, ces particularités fournissent les moyens de raisonner, d'appliquer les différents procédés à l'aide desquels on pourra conserver les œufs. Tout ce qui ralentira l'évaporation des fluides contenus dans l'intérieur de la coquille; des conditions de température n'atteignant pas en chaud ou en froid des degrés trop considérables: l'immobilité complète; l'absence d'émanations subtiles et nuisibles; enfin, une durée de temps raisonnable, voilà tout ce qu'il faut réunir pour conserver des œufs et les offrir à la consommation dans les saisons où la ponte se ralentit et dans celles où elle n'a pas lieu.

Réaumur avait déjà lu, sans doute, qu'un vernis appliqué à la surface de l'œuf qui est livré à l'incubation tue le germe ; ce fait est antérieur à l'habile physicien, mais il a reçu par ses travaux une démonstration irréfragable. Ce vernis n'a d'autre office que de mettre obstacle à la sortie des matériaux contenus dans l'intérieur de la coquille ; d'une autre part, il empêche l'introduction de l'air extérieur. Par suite le vide ne peut plus s'opérer dans l'intérieur de l'œuf, et les mouvements de fermentation sont plus ou moins paralysés si d'autres circonstances extérieures ne viennent pas les favoriser. Il est juste d'ajouter de suite que Réaumur s'est trop laissé entraîner à la séduction de sa découverte, au charme de ses expériences ; il a tiré de ses travaux des conclusions qui ne sont pas aussi positives qu'il les annonce. En effet, l'expérience de chaque jour est facile en ce point, il ne faudrait pas continuer longtemps des observations pour apprendre que par le vernis appliqué à la surface des coquilles, les œufs ne peuvent pas se conserver indéfiniment. A ce sujet on trouve des détails qui font penser aux plus drolatiques récits des *Ephémérides des Curieux de la Nature*; ainsi l'on rapporte que trois œufs célés dans une muraille ont été retrouvés dans le Milanais trois siècles après. Ces curieux produits, attentivement examinés, ont été ensuite dégustés : l'un de ces œufs ouvert à l'instant n'avait rien perdu de sa fraîcheur, de son odeur, de sa saveur; mais les deux autres, ouverts huit jours après, commençaient à se gâter. Tout ne s'arrête pas là dans ce merveilleux récit; les explications, pour être valables, doivent bien doubler la force du fait. Aussi lisons-nous que ce n'est pas à leur grande vieillesse que les œufs pourris devaient leur altération, mais à l'influence de l'air qui les avait plus particulièrement frappés que l'autre, lorsque ces trois œufs pantagruéliques furent retrouvés. Mais bornons-nous à constater qu'on a beaucoup exagéré l'importance de l'air extérieur comme cause de l'altération de l'œuf. C'est parce que l'on a voulu lui faire jouer un rôle presque exclusif qu'on est arrivé à des conclusions aussi erronées. On n'a pas réfléchi que l'œuf au moment même où il reçoit l'enduit qui doit le protéger recèle déjà une quantité plus ou moins considérable d'air et que cette quantité, si minime qu'elle soit, suffit plus tard, jointe à d'autres causes, pour empêcher la conservation trop prolongée de l'œuf. Le vernis n'est pas, d'ailleurs, la préparation la plus convenable pour arriver au but qu'on se propose; l'huile, le beurre, la graisse, sont d'une plus facile application, s'enlèvent plus facilement et conservent tout aussi bien les œufs.

Le froid, lorsqu'il est trop intense, saisit l'œuf, le durcit, le dilate, brise les faibles moyens à l'aide desquels la vie s'entretient; plus tard la fermentation s'opère rapidement dans les principes constitutifs désorganisés, et des œufs ainsi maltraités ne peuvent servir à aucun usage alimentaire, tout au plus peuvent-ils être employés dans des opérations industrielles très bornées. Lorsque la chaleur est trop intense, l'évaporation des liquides s'opère rapidement, le vide est très considérable et la décomposition plus facile. De tels œufs ne peuvent subir des déplacements, des voyages même bornés sans être amenés presque instantanément à une décomposition qui les rend de nulle valeur.

On a remarqué que les œufs, surtout lorsqu'ils ne sont pas très récents, ne peuvent supporter impunément des déplacements, quel qu'en soit le mode. Ainsi, soit qu'on les transporte en voitures suspendues pour les mettre à l'abri des cahots; soit qu'on les tasse convenablement sur sur des matières douces et molles pour les mettre dans des navires, ils subissent promptement une décomposition putride alors même qu'ils ont été préparés avec des enduits graisseux, ou qu'on les a fait séjourner dans de l'eau salée.

Si les œufs ne sont pas convenablement tassés et séparés par de la paille hachée, des balles d'avoine, des cendres, de la sciure de bois, ils se conserveront difficilement. Cela est très facile à comprendre, ces substances ont d'abord l'avantage de mettre obstacle à la libre circulation de l'air; elles protègent l'œuf contre les vicissitudes trop rapides du froid et du chaud, mais elles ont l'avantage bien plus précieux encore d'isoler complètement les œufs. Par ce fait de leur isolement on comprendra facilement que si un œuf se trouve dans un état de décomposition avancée les émanations qu'il produira, les parties altérées qui sortiront de son intérieur ne pourront pas exercer une influence fâcheuse sur la bonne constitution de ceux qui l'environnent.

Pour arriver à ce but, sans doute, aussi bien que pour obtenir la conservation plus ou moins

prolongée des œufs on a proposé différents
moyens. Si l'on parcourt attentivement les auteurs qui ont parlé de la poule au point de vue
économique et lucratif, on trouve des préparations nombreuses, sans doute, mais les procédés sont fondés sur des bases qui ne sont pas
aussi variées ; l'énumération de toutes ces choses
serait d'autant moins concise qu'elle a été dite,
redite, commentée et répétée ; de plus, tous ces
moyens sont vulgaires et parfaitement connus.
Disons seulement, pour ne rien omettre d'important, qu'on a d'abord conseillé de placer les
œufs dans de l'eau salée. Par ce moyen l'on
croyait remarquer que le vide se formait moins
facilement, on ajoutait que le sel marin jouissait d'une propriété conservatrice dont on lui
avait vu faire preuve, du reste, pour la conservation de plusieurs viandes comestibles. La pratique n'a pas confirmé cette simple analogie, les
œufs ne se conservent pas bien dans de l'eau
salée, si même ils n'acquièrent pas par cette
immersion une durée moins grande de leurs qualités. On a proposé ensuite l'eau de chaux, ce
moyen ne mérite pas d'être appliqué, qu'il nous
suffise de dire que loin de se conserver plus facilement les œufs plongés dans de l'eau de chaux

sont plus prompts à s'altérer que si l'on suivait le conseil que donne ainsi le Choyselat : « Si « d'aventure tu estois en opinion de garder tes « œufs d'une saison pour une autre, tu les doibs « arranger sur gerbes ou paille bien fraische, le « bout le plus aigu en hault, ou bien les mettre « en panniers en ceste façon : et qu'ils soyent « recouvers de paille, afin que la trop grande « chaleur ou froidure ne les tourne. » Placés de cette manière le gros bout en bas les œufs ont été mis par plusieurs expérimentateurs dans de la cendre, de la sciure de bois, de la paille hachée, de la balle d'avoine, et chacun a vanté son procédé comme le meilleur. Nous croyons qu'il faut accorder une plus grande confiance à l'une des méthodes que conseille Parmentier ; elle consiste à placer les œufs dans un mélange de son et de sel gemme ; si à cette précaution on ajoute le soin de les enduire d'un corps gras avant d'en faire le tassement, on aura rempli des conditions simples, faciles, peu coûteuses pour avoir des œufs de bonne qualité aussi longtemps que possible. On parle de mélange de chaux vive, de sel commun, de crème de tartre et d'eau, comme pouvant conserver des œufs pendant deux années ; cette prolongation nous paraît inadmissible, nous ne nions pas qu'elle n'ait pu exceptionnellement se produire sur un nombre restreint d'œufs. Enfin, dit encore Parmentier, un dernier moyen de conservation pratiqué autrefois, c'était de délayer les jaunes d'œufs dans le vinaigre ; on remplissait de ce mélange des tonneaux et ils formaient un des approvisionnements des armées ; on ignore pour quel motif cette préparation alimentaire n'a plus lieu maintenant.

Nous omettons à dessein des considérations qui ne se rattachent que par des liens trop éloignés à l'économie pratique, à l'éducation lucrative des poules. On sait que les œufs varient de forme, de coloration et de poids suivant les races de poules qui les fournissent, mais nous n'avons vu nulle part que des expériences comparatives des œufs aient été faites. C'est une lacune que nous regrettons de n'avoir pu combler, nous l'avons entrevue quand déjà ces lignes étaient faites. On a dit que les œufs fécondés se conservent moins facilement que les autres. Le fait est vrai et peut facilement s'expliquer, mais quelles que soient les explications elles sont vaines si elles n'aboutissent à une conclusion facile et praticable.

Y a-t-il un moyen de reconnaître que les œufs

sont fécondés? Non. Dès lors la question sort du cercle dans lequel elle paraissait tout à l'heure renfermée. Il est donc utile de ralentir l'action du coq quand on veut conserver longtemps des œufs. Le fait se démontre de lui-même quand on se rappelle que les œufs produits entre les deux Notre-Dame, d'août et de septembre, sont généralement considérés par les fermiers et les marchands d'œufs comme étant d'une très facile conservation. A cette époque la mue approche, son influence ralentit l'ardeur du coq, éteint en lui le désir de la copulation, et c'est alors aussi que les œufs cessent d'être fécondés, comme ils le sont presque tous au commencement de février, en mars et en avril. Alors le coq, sortant du long repos de l'hiver, est plus vigoureux, plus énergique, plus apte à féconder les œufs.

On a quelquefois parlé d'œufs d'une grosseur extraordinaire, d'œufs contenant deux jaunes; de ce dernier fait nous avons rencontré un curieux exemple sur une poule du village de Longeron, près Saint-Pierre-le-Moutier, département de la Nièvre, laquelle poule pondait toujours des œufs contenant deux jaunes. Morand, chirurgien de l'Hôtel des Invalides, a rapporté une observation curieuse d'une poule dans le corps de laquelle il a trouvé un œuf énorme composé de trente-six couches successives, dures, épaisses, blanches, et servant d'enveloppe à un jaune resté diffluent. Toute ces curiosités exceptionnelles ne peuvent encore avoir ici qu'une valeur plus que secondaire.

Nous avons assez parlé des œufs dits hardés pour n'avoir pas besoin d'y revenir, nous avons vu que le genre d'alimentation avait surtout déterminé le manque de consistance des coquilles. Nous dirons encore que là ne se borne pas l'influence de l'alimentation. On dit que l'orge augmente le volume du jaune, que le seigle favorise le développement du blanc; on raconte que d'habiles dégustateurs vont même jusqu'à prétendre que les matériaux nutritifs peuvent donner à l'œuf des qualités qu'il est facile d'apprécier. Ces derniers faits sont appuyés par une observation, de laquelle il semblerait résulter que des poules qui avaient mangé des bourgeons de sapin, pondaient des œufs d'une odeur balsamique, et au contraire, d'une saveur fade et rance quand les insectes, les hannetons, etc., avaient figuré pour une part plus ou moins considérable dans l'alimentation.

De tout ce qui précède on peut conclure de la manière suivante :

1° La forme de l'œuf ne peut pas indiquer qu'il a été fécondé ; elle n'apprend pas non plus que l'œuf soumis à une incubation régulière donnera un poussin mâle ou femelle.

2° L'œuf peut s'altérer par un concours de circonstances défavorables ; les moyens qui s'y opposent sont de nature à conserver l'œuf ;

3° Un enduit graisseux sur la coquille ; un tassement opéré le gros bout en bas sur des lits de son et de sel gemme ; une température ni trop chaude ni trop froide ; voilà les conditions les plus favorables à la conservation des œufs, celles surtout qui sont faciles et économiques ;

4° L'alimentation paraît avoir, suivant les substances dont elle se compose, une influence sur la nature et les qualités alimentaires de l'œuf ;

5° Il est à désirer que des expériences comparatives soient entreprises, pour reconnaître si les œufs de certaines races de poules sont susceptibles d'une conservation plus prolongée.

CHAPITRE XI.

De l'engraissement; des indications à remplir pour l'obtenir promptement.

La nutrition est la plus importante fonction de tous les êtres organisés. Les plantes, par leurs racines terrestres, absorbent des matériaux qui subissent les migrations les plus curieuses et les plus intéressantes, pour déposer, dans ce parcours multiple, des matériaux tantôt d'augmentation, tantôt de réparation dans les différentes parties de la plante, en suivant des lois de convenances préétablies. Par ce mot de convenance, nous ne voulons rien dire autre chose que les rapports qu'il y a entre les parties admises et celles qui admettent, comme on peut dire qu'il y a des convenances entre les différentes pierres que l'architecte assemble pour construire un somptueux édifice. Les animaux, par leurs racines in-

térieures situées autour de l'estomac et des intestins, exercent sur des aliments pris au dehors
une action plus compliquée encore. Ils semblent
continuer l'opération que les végétaux n'avaient
qu'ébauchée. Par son importance, par les nombreux concours qu'elle sollicite dans tous les
points du corps, la nutrition est sans nul doute
la première de toutes les fonctions animales. Pendant que la digestion s'exécute, on voit chez la
plupart des animaux, même des classes les plus
élevées, les autres actes se ralentir, s'émousser
ou même cesser complétement. Le jeu de la
nutrition a donc un premier effet, c'est de
jeter momentanément une sorte de torpeur sur
toutes les autres fonctions. Pendant ce court intervalle, les organes générateurs, les organes qui
président au mouvement, ceux des sens, reçoivent très peu de réconfort. Ces raisonnements
pourraient être poursuivis d'une manière plus
démonstrative, plus étendue et plus scientifique
s'il était question de faire un livre de science;
mais les lignes qui précèdent composent une
suffisante préface, pour ce que nous avons à dire
dans le présent chapitre.

Si donc la nutrition affaisse momentanément
l'énergie de toutes les autres parties du corps,

on peut penser que si l'on soumet l'animal à des
conditions qui amèneront de fréquentes digestions, cet ensemble de circonstances devra avoir
pour résultat d'assoupir le désir de la reproduction de l'espèce, d'éteindre le besoin du mouvement, d'émousser les sensations. Toutes les portes
sont ouvertes pour recevoir d'abord et faire
tomber dans l'estomac, comme en un gouffre,
les matériaux, pendant que toutes les issues de
perte, de dépense, d'épuisement, sont fermées.
Il faut donc, de toute nécessité, qu'il se fasse
dans l'intérieur du corps une accumulation de
produits. Or, si l'animal n'est plus éveillé par
les objets qui frappent ordinairement sa curiosité, qui le sollicitent à aller et venir, à courir, à
quereller, à combattre ; si, insensible à l'instinct
qui entraîne tous les animaux à s'accoupler, il
garde une continence passive, il faut croire que
tous les organes qui président aux différentes
actions dont nous venons de parler n'étant pas
exercés, cesseront d'abord de s'entretenir, plus
tard ils diminueront de volume, se flétriront, et
bientôt l'animal ne sera plus, à proprement parler, qu'un estomac au profit duquel fonctionneront
des organes dont l'importance sera augmentée
en proportion. Ainsi le foie, la rate, les intes-

tins acquerront plus de volume, plus d'ampleur, plus de force. Désormais le retour aux premières conditions sera difficile. A un estomac dont la force aura été décuplée, à des intestins dilatés, à un foie volumineux et d'une activité presque maladive, il faudra des matériaux d'entretien augmentés, et la vie ne s'exercera plus que par le fonctionnement presque exclusif de ces différents organes. Dorénavant aussi la chair étant devenue flasque, molle, de dure, de rigide qu'elle était, le tissu cellulaire qui l'entoure en masse ou qui la pénètre dans ses interstices les plus déliés deviendra aussi plus abondant. Déjà tout est préparé pour faire de la graisse; il n'y a plus pour obtenir rapidement ce produit qu'à faire avec discernement un choix d'aliments convenables.

Sans doute les raisonnements qui précèdent s'appliquent aux volailles et surtout à celles dont nous parlons, les coqs et les poules; mais il faut le dire, la science pratique de l'engraissement ne possède que des données très restreintes en ce qui concerne ces animaux. Sans doute encore, dans certains pays d'élève on arrive à de très bons résultats, on obtient des volailles d'une graisse abondante, blanche, fine, ferme et dont la chair est délicate autant que savoureuse. Mais aussi la plupart du temps cette graisse nous semble trop accumulée, elle n'est pas assez répartie dans la profondeur des masses charnues, et si l'on obtenait des volailles entre-lardées comme on obtient en ce genre de la viande de boucherie, nul doute que le temps de l'engraissement serait quelquefois abrégé, en même temps que les volailles, par la supériorité de leurs qualités comestibles, seraient plus recherchées. C'est en vain que nous avons voulu trouver dans les auteurs quelque méthode qui pût répondre à cette indication ; les moyens d'expérimentation nous ont manqué et nous n'avons pu résoudre pratiquement la question. Nous croyons qu'on la pourrait probablement résoudre en imitant les différents procédés qui sont suivis pour les autres animaux. Sous le rapport de l'engraissement nous n'avons pas été à même de considérer les races étrangères, mais si ces dernières contiennent des espèces dans lesquelles on pourra constater plus de graisse dans l'intérieur des masses musculaires, il serait bon de faire des croisements d'après les idées que nous avons indiquées dans le chapitre V ; par ce moyen on aurait posé les premières bases d'une méthode d'engraissement dont l'étude serait ultérieurement facile à faire et dont les résultats nous sembleraient économiques et avantageux.

Nous voilà donc en présence des méthodes pratiques qui ont cours et des idées vulgairement admises. A ce sujet, quelles sont donc les conditions à remplir pour engraisser les volailles? D'abord, quelles volailles veut-on engraisser? Des poulets, des poulettes, des poules qui pondent peu ou très rarement, des coqs, soit que ces mâles soient livrés à l'engraissement à cause de leur trop grand nombre ou à cause de leur âge. Suivant que l'on considère ces divisions du sujet la question prend ses développements dans des sources différentes.

Des idées d'ensemble peuvent convenir; car quels que soient l'âge et les conditions des volailles, il faut les choisir, et par le choix, discerner l'aptitude qu'elles peuvent présenter à l'engraissement. Nous avons déjà plusieurs fois répété que les poules bavardes, que les volailles voraces, que celles qui sont atteintes de maladies articulaires ou d'ophthalmie, que les épileptiques ou celles qui se nourrissent mal, soit par une disposition particulière du plumage, soit par des conditions intérieures inhérentes à des vices fonctionnels des organes digestifs, nous avons déjà répété, disons-nous, que l'éleveur n'a aucun profit à conserver ces volailles, elles feront une chair dure, elles ne donneront point de graisse; partant, ces animaux doivent être exclus dans le choix qu'on fait des volailles à livrer à l'engraissement. Viendront ensuite dans l'exclusion les sujets de trop petite taille, ceux dont le corps est trop élancé, les difformes, les aplatis, ceux qui n'ont pas le tronc assez développé, ceux dont les pattes sont jaunes, dont l'épiderme est dur et raide; ces animaux à pattes jaunes ne donnent, malgré les meilleures méthodes d'alimentation, qu'une graisse jaune, qu'on n'obtient même que très difficilement.

Par ces différentes exclusions le choix à faire se trouve d'autant simplifié. Si vous choisissez des animaux bien conformés dont le tronc soit large, la peau blanche et fine, l'abdomen saillant et rond, les pattes bleues ou roses, modérément élevées, vous aurez considéré les points les plus importants, ceux qui sont capables de guider dans le choix des volailles à engraisser, quel que soit leur âge. Cependant il ne faut pas croire que des animaux d'un âge trop avancé pourraient facilement prendre la graisse. Chez eux la chair est devenue trop ferme et le tissu cellulaire dans lequel se développe surtout la graisse est trop sec et trop rigide. Ce tissu cellulaire, tout le monde le connaît, c'est lui que les bouchers rendent apparent et déplissent lorsqu'ils soufflent les animaux à l'instant même où ils viennent de les sacrifier. Eh bien! les bouchers savent que chez les vieux animaux il faut souffler plus longtemps et plus fort pour déplisser le tissu cellulaire. Chez ces vieux animaux le tissu cellulaire est sec, rare, ne se déplisse que difficilement par le soufflet; la viande paraît plus serrée, moins riche; on peut voir aussi qu'elle est moins graisseuse.

Si vous choisissez de jeunes animaux, prenez surtout ceux des premières couvées, nous avons déjà dit pourquoi ceux des premières couvées sont supérieurs aux autres. Les poulets seront nourris comme nous l'avons indiqué dans le chapitre VII. Lorsqu'ils auront acquis un développement suffisant, que les surfaces seront assez larges et assez étendues vous pourrez les livrer à l'engraissement. Si vous prenez des poulettes, il faudra surtout choisir celles qui n'auront pas pondu, ou bien, si vous prenez celles qui ont pondu, ne sacrifiez point la poule aux œufs d'or;

reportez-vous au chapitre IV, pénétrez-vous de l'importance des signes positifs à l'aide desquels on peut reconnaître qu'une poule est bonne pondeuse; et voyez, d'après le développement des organes indicateurs de la ponte, s'il y a profit pour vous à faire des œufs ou de la volaille grasse.

Quand les poules ont atteint leur quatrième année, que le nombre des ovules s'est pour ainsi dire épuisé, qu'il n'y a plus de profit raisonnable à attendre en ce point, prenez celles qui présentent la conformation la plus favorable. Si par des circonstances extérieures, particulières, la ponte est entravée, si les grains qui la favorisent sont d'un prix trop élevé, choisissez pour les livrer à l'engraissement celles dont la crête, le disque auriculaire, les barbillons, le pourtour des yeux et l'artiehaut ne présentent que des indices d'une moyenne ou d'une faible proportion dans le produit en œufs.

Pour les coqs n'attendez pas qu'ils soient trop vieux, prenez les poltrons, les indifférents, ceux dont les pattes sont bleuâtres, ceux dont la crête est simple, les ergots mal placés ou peu développés, ceux qui voraces ou dénués de galanterie ne font pas bon ménage avec les poules.

Maintenant que le choix est fait, nous arrivons à parler des méthodes qui ont été proposées pour développer la graisse dans le corps des volailles. Ces différentes méthodes, suivies en grand dans plusieurs provinces peuvent, se grouper en deux catégories, suivant que l'engraissement est libre ou qu'il est forcé. Cependant, que l'engraissement soit libre ou forcé, si l'on veut arriver à de prompts résultats, il faut toujours que les animaux soient séquestrés, qu'ils ne puissent plus exercer de mouvements, que la propreté la plus minutieuse soit rigoureusement mise en pratique, que l'humidité, le bruit et le froid soient considérés comme de grands obstacles à l'engraissement. La lumière formant par son absence une source d'épuisement, et l'obscurité engourdissant la vue, il faut que les volailles à l'engrais soient placées dans un endroit sombre ou complètement à l'abri du jour. Il nous semble barbare et condamnable de crever les yeux des volailles. Cette cruelle torture doit souvent faire éprouver des pertes, et, par les douleurs atroces qu'elle cause aux animaux, prolonger la durée de l'engraissement.

Pour l'engraissement forcé, les volailles sont donc placées dans des boîtes, dans des épinettes que tout le monde connaît ; elles doivent être construites, quelles qu'en soient les variétés, de telle sorte que les matières fécales puissent facilement être rendues au dehors. De cette manière on garantit la propreté, on trouble moins souvent l'animal ; comme il faudrait le faire si l'on devait changer, gratter, nettoyer l'intérieur des épinettes. Ces boîtes, nommées chartreuses dans quelques pays, sont souvent placées dans des chambres à four, et la plupart des éleveurs, qui obtiennent de bons produits, se trouvent bien d'entretenir avec des poêles une chaleur de 16 à 18 degrés dans l'intérieur des endroits où sont placées les épinettes. Là, règne le silence, il faut que pièce à pièce l'animal se transforme, que tout se taise en lui, comme autour de lui, au profit de l'estomac.

Ces conditions une fois remplies, examinons quelles matières alimentaires doivent être données aux animaux livrés à l'engraissement. Ordinairement on commence à préparer l'animal par des pâtées diffluentes, dans la composition desquelles on fait figurer des pommes de terre, des graines, des farines grossières, des racines qui ont été cuites et qui sont données chaudes. L'animal séquestré prend sa nourriture à volonté dans une augette placée à la partie antérieure de l'épinette où se trouve pratiquée une étroite ouverture pour donner passage à la tête. Après un ou deux jours de cette alimentation à volonté, le plus ordinairement on passe à d'autres soins; car, en général, l'engraissement libre donne des résultats moins immédiats et moins avantageux que l'engraissement forcé qui se pratique par l'empâtement des volailles avec des graines cuites ou des substances riches en fécule. On prépare des bouillies dans lesquelles on fait entrer une proportion plus ou moins considérable de lait (dans les localités où cette dépense n'est pas trop élevée); par l'addition de farine d'orge ces bouillies sont ramenées à la consistance demi-liquide. D'autres fois les préparations alimentaires sont composées à froid avec de l'eau, des farineux, des racines pulpeuses et l'on donne au tout une consistance également demi-liquide. Il n'est pas indifférent de considérer dans quelles proportions les différentes substances alimentaires doivent être données pour amener rapidement l'engraissement. D'après ce que nous avons dit dans le chapitre VII, il est facile de comprendre que les excitants généraux, que les aliments qui peuvent exciter spécialement certains organes, sont contraires au but que l'on se propose dans l'engraissement. Jamais vous ne ferez en même temps de la chair, des œufs, de la graisse; de plus, dans de jeunes animaux, si vous donnez des calcaires purs en trop grande abondance vous pourrez augmenter la taille, développer les os, mais ce ne sera toujours qu'aux dépens de la graisse. Quelles sont donc les matières alimentaires que l'on doit rechercher pour favoriser surtout la production de la graisse? Quand on passera à l'engraissement forcé, comme cela se pratique à La Flèche, au Mans et dans plusieurs pays d'élève, on fera une pâte demi-molle avec de la farine de blé noir et du lait; ou bien la pâte sera composée de deux tiers de blé noir ou d'orge et d'un tiers d'avoine dont les farines se mêleront avec du lait. Nous avons vu dans plusieurs localités des environs de Paris l'engraissement rapidement obtenu par une pâte composée seulement de farine d'orge et de lait. Les volailles engraissées par ce procédé nous ont toujours paru fines, blanches, délicates. Quoi qu'il en soit, les farines doivent toujours être soigneusement préparées et finement tamisées. En effet, nous avons déjà dit que le sarrazin et l'avoine contiennent dans leurs enveloppes (épisperme) un principe résineux, aromatique, âcre, excitant, tonique, qui serait nuisible à l'engraissement en sollicitant l'activité d'organes qui doivent sommeiller.

Ces bouillies étant faites, on procède de différentes manières pour alimenter les volailles; les uns empâtent pendant les premiers jours, à grande dose et deux fois seulement par jour, les animaux à engraisser. Tantôt si la bouillie est diffluente, c'est à l'aide d'un entonnoir que l'on charge le jabot et l'estomac; tantôt la substance alimentaire étant d'une consistance plus considérable et roulée en cylindres nommés pâturons, on ingurgite ces masses en les aidant à descendre dans le jabot par des pressions ménagées le long du cou. Plus tard les aliments sont plus fréquemment donnés. Il nous semble qu'il est vicieux de faire prendre à la fois une trop grande quantité de substance; outre que les digestions s'exécutent mal et qu'alors elles sont en pure perte, il se produit sous cette influence des désordres presque maladifs, nuisibles à l'engraissement; il est donc plus convenable d'empâter fréquemment et à petites doses. On doit mettre dans les substances alimentaires une suffisante quantité de liquide pour n'avoir pas besoin de donner des boissons. Les aliments doivent être donnés modérément chauds. Nous avons lu, que de curieuses expériences avaient été tentées à grands frais pour donner aux volailles grasses, le goût du musc et de certains aromates. Comme ces procédés n'ont rien d'économique, nous n'avons pas à les juger autrement qu'en disant que ces substances aromatiques devaient être contraires à l'engraissement. Il nous semble difficile dans l'engraissement méthodiquement suivi d'arriver à donner un goût déterminé à la chair ou à la graisse; si ce goût se rencontre quelquefois dans des volailles engraissées, il avait été amené probablement dans la chair par les substances alimentaires données avant l'engraissement,

On a dit que certaines substances narcotiques et torpéfiantes donnant aux oiseaux une sommeil plus prolongé, un émoussement plus profond de la sensibilité générale, pourraient favoriser le développement de la graisse. Parmentier s'est demandé si la pratique d'ajouter des graines de jusquiame n'était pas nuisible, si les graines de cette plante jouissent de la propriété nuisible que possèdent la tige et les feuilles. En ce qui touche les poules, nous ne savons rien à cet égard de précis; mais les graines de jusquiame sont tout aussi nuisibles à l'homme que les autres parties de la plante. Du reste, l'emploi de ces moyens ne nous paraît pas exempt de danger. Ces plantes sont difficiles à juger par les qualités qu'elles possèdent. Elles varient si souvent d'après les différentes conditions dans lesquelles elles ont végété qu'il y aurait, nous le répétons, de nombreux inconvénients à en étendre l'emploi. Ainsi donc nous pensons que la chair des lapins, des merles, des grives, etc., présente, comme l'ont noté beaucoup d'observateurs, une saveur différente suivant le genre d'alimentation qui a eu lieu, et nous croirons toujours que les moyens étrangers et équivoques (le musc, la jusquiame, etc.,) doivent être écartés des bonnes méthodes d'engraissement, et que si un goût particulier se présente dans la chair des animaux il y avait été introduit avant l'engraissement parfait.

On surveillera attentivement les progrès obtenus par l'alimentation. Si un animal est réfractaire, on cherchera si des vermines ne le forcent pas à s'agiter trop fréquemment et si elles ne lui font pas perdre le sommeil. S'il n'existe rien de semblable on variera l'alimentation. Vers le quinzième jour de l'emploi de ces moyens on commencera à examiner attentivement les animaux, on en rencontrera plusieurs qui auront atteint le degré de perfection convenable, on pourra dès lors les livrer au commerce. Vers le vingtième jour l'engraissement doit être achevé pour la grande majorité des volailles; s'il arrivait à vingt-cinq jours, les bénéfices deviendraient moindres, mais encore suffisants pour indemniser l'éleveur. Quoi qu'il en soit, il est rare de voir les animaux qui n'ont pas pris la graisse vers le vingtième jour la prendre après le vingt-cinquième. Alors donc il faut cesser tout entretien relatif à l'engraissement, et livrer à la consommation des volailles qui désormais ne pourraient plus être gardées qu'en pure perte. Toutefois il est certain qu'on ne pourrait pas toujours obtenir en vingt ou vingt-cinq jours ces belles volailles de La Flèche et du Mans, qui pèsent jusqu'à 5 et 6 kilogrammes. Ces produits rares et d'un prix élevé sont l'objet d'un commerce de luxe dont il n'est pas ici question d'une manière spéciale.

Il est incontestable qu'une fois la volaille amenée à l'état parfait de graisse, elle doit être livrée à la consommation sans avoir fait un long voyage, autrement et dans ces conditions surtout, la graisse fondrait avec une rapidité incroyable, et cet amaigrissement relatif serait une véritable dépréciation de la chose vénale. Le même résultat se produirait en continuant l'alimentation lorsque l'engraissement est à son maximum. Il y aurait donc de grands avantages, il nous semble, à suivre pour l'engraissement des volailles le conseil que le Choyselat donnait à son ami pour les poules pondeuses, ce serait de se livrer à ce genre d'industrie près des grands centres de population en choisissant avec discernement des sujets qui après vingt jours de traitement seraient d'un bon débit. En effet le grain et les frais généraux ne doivent pas atteindre dans ces localités un chiffre plus élevé qu'autre part.

Nous reviendrons encore sur l'opération de la castration par laquelle on prétend que les poules s'engraissent facilement et plus vite, les mêmes procédés alimentaires étant du reste suivis ; disons-le encore une fois, ce n'est point dans le croupion que la poule fabrique ses œufs. C'est une erreur bouffonne empruntée à Schreger, et qui d'Allemagne est passée en France avec les honneurs d'une triple publicité qui a été plus de trois fois victorieusement combattue. On aurait pu dire d'une quadruple publicité, en faisant remarquer que cette facétie chirurgicale est consignée dans le *Dictionnaire de Médecine, de Chirurgie et d'Hygiène vétérinaires*, par Hurtrel d'Arboval. L'erreur n'est donc pas neuve, bien qu'elle ait été ardemment soutenue et que son reproducteur s'en soit attribué la gloire comme s'il l'avait commise le premier. Nous ne parlerions pas avec cette sorte d'acrimonie si ce fait ne nous paraissait pas déplorable. En effet, ne serait-il pas regrettable pour la considération des vétérinaires, pour la confiance qu'ils doivent inspirer, qu'on pût croire qu'ils ignorent ce que connaissent les ménagères, les fermières et même les cuisinières. En outre, l'extirpation des glandes du croupion (glandes uropygiennes) demande une certaine habileté; il faudrait donc le plus souvent faire intervenir l'homme de l'art et s'exposer à de nouveaux frais sans avoir des compensations dans la rapidité de l'engraissement.

Mais pour ne rien omettre, terminons ce chapitre en parlant de la nourriture par la viande et par les substances animales, moyens qui ont été préconisés pour engraisser les volailles. Les anciens connaissaient cette méthode alimentaire; plusieurs savants de l'antiquité ont, dans différents pays, parlé des verminières, de la manière d'obtenir des larves, des vers pour alimenter et engraisser les volailles ; cependant les contradictions que l'on trouve dans plusieurs textes prouvent au moins qu'anciennement il y avait déjà matière à doute sur l'efficacité de cette nourriture. Les contemporains ont rappelé dans leurs ouvrages ces citations empruntées aux anciens ; plusieurs auteurs rapportent les résultats de la pratique suivie pour l'alimentation des volailles à l'aide de vers ou de viandes hachées. Généralement la méthode est condamnée, et si elle compte quelques adhérents, rarement ils se trouvent du côté des praticiens. C'est une grande erreur d'avoir voulu dire que la poule est omnivore; nous croyons avoir suffisamment réfuté cette erreur dans le chapitre II. Nous ne reviendrons point ici sur ces considérations, cependant ce que nous savons, ce que nous avons vu et ce que nous constatons tous les jours, nous porte à affirmer de la manière la plus positive que la nourriture animale (les vers ou la viande), n'est pas convenable à la poule. Ainsi donc, c'est mal interpréter les faits que de croire que par là la poule devient grasse et féconde, contradiction véritablement inadmissible ; c'est avoir fait plus que

mal interpréter les faits, c'est les avoir mal ob
servés ou les avoir altérés dans le récit qu'on en
fait. Disons cependant qu'il n'y a pas d'inconvénient au point de vue de la santé à donner aux volailles des matériaux animalisés, de
la viande ou des vers, par là la chair ou la
graisse n'acquiert pas de propriétés nuisibles ;
mais au point de vue économique il n'y a aucun avantage à suivre ce procédé, il n'amène
jamais l'engraissement qu'avec une lenteur infiniment plus considérable que celle des plus médiocres procédés par l'alimentation végétale. Une
exception est à faire en ce point, nous en avons
déjà parlé et nous le rappelons ici pour l'ordre
des matières : les cocons, les hannetons, certaines chenilles font maigrir les volailles ; ou bien,
si ce résultat n'est pas produit, leur chair con-
tracte un mauvais goût, la graisse est jaune, diffluente, les animaux sont d'un débit difficile. Le
lait ajouté aux bouillies, aux farines, aux pâtons,
prouve bien l'avantage d'une certaine propor-
tionnalité de matériaux animalisés, mais de là à
composer une nourriture exclusivement animale
il y a aussi loin que de dire, qu'on nous passe la
comparaison, que puisque le vin reconforte, plus
on en boira plus on sera reconforté.

De tout ce qui précède on peut tirer les conclusions suivantes :

1° L'engraissement des volailles ne peut pas s'effectuer indifféremment sur tous les sujets ;

2° Le choix des volailles à engraisser doit être fait avec discernement, d'après les indications que nous avons rapportées ;

3° L'engraissement ne peut s'obtenir qu'à la condition d'enrayer toutes les fonctions animales au profit de l'estomac et de ses co-adjuteurs, le foie, la rate, les intestins, etc. ;

4° L'engraissement réclame une propreté minutieuse, une chaleur de 16 à 18 degrés, l'absence de l'humidité, une nourriture presque végétale donnée à des doses moyennes et fréquemment répétées ; les animaux doivent être placés à l'abri de la lumière ;

5° L'engraissement, pour être profitable à l'éleveur, doit être terminé du vingtième au vingt-cinquième jour ; passé ce délai il faut livrer à la consommation les volailles réfractaires à l'engraissement ;

6° L'ablation des glandes du croupion, à laquelle on a donné la qualification erronée de castration des poules, est inadmissible dans l'engraissement lucratif;

7° Une nourriture exclusivement animale est contraire à l'engraissement et doit être rejetée comme un procédé vicieux.

CHAPITRE XII ET DERNIER.

Résumé général.

Maintenant que nous avons présenté les principales indications qu'il faut remplir pour élever lucrativement les volailles, il nous reste peu de mots à dire ; cependant par le rapprochement plus immédiat des principes ci-dessus posés nous nous efforcerons de les rendre plus compréhensibles. Sans doute nous avons dû négliger une foule de détails qui se trouvent consignés dans les rares volumes que l'on pourrait considérer comme modèles. Des assertions que tout le monde connaît, des faits vulgaires, des redites nombreuses, des descriptions homériques de poulaillers ou d'épinettes auraient pu grossir cet ouvrage ; mais nous pensons qu'ils lui auraient probablement enlevé le seul mérite que

nous avons eu constamment l'idée de lui donner :
la simplicité. En effet, par exemple, quand nous
avons parlé des excréments de la poule, des signes qu'on peut y rencontrer pour juger que la
poule pond, cesse de pondre ou va le faire, nous
aurions pu ajouter que dans le vulgaire on pratique encore une certaine panacée avec des excréments de la poule. Le vin de poule a eu l'honneur de figurer dans de grands dictionnaires,
dans d'autres ouvrages on a raconté que ce composé de vin blanc et d'excréments de poule était
répercussif, atténuatif, incisif, lénitif, matura-
tif, discussif, que n'a-t-on pas dit encore? Ajoutons que beaucoup d'auteurs ont sévèrement
condamné, comme elle le mérite, cette dégoûtante
et dangereuse préparation. Mais passons ; nous
avons vu dans les anciens auteurs une foule de
matériaux curieux, ils savaient élever les volailles, les engraisser rapidement ; ils produisaient
des vers par des procédés bien décrits ; enfin les
Egyptiens, par l'incubation artificielle, savaient
faire éclore des œufs. Le Choyselat, qu'on nous
passe cette transition brusque, les auteurs d'économie rurale qui l'ont suivi, renferment des idées
saines, substantielles et d'une sage pratique. Bientôt les progrès de l'imprimerie facilitant la pro-

duction des idées et la communication des textes, ces bonnes indications sont reproduites de mille manières. Les lectures nombreuses que nous avons faites pour ce travail nous ont permis d'apprécier à sa juste valeur une pensée correctement exprimée par La Bruyère. Les sources pures, les origines, les textes originaux l'emportent toujours sur les reproductions; il n'y a pas jusqu'à la plus exacte vérité, jusqu'au plus simple aphorisme qui ne courre risque de s'altérer en passant par la filière des interprétateurs et des commentateurs. Nous rendrons donc un dernier hommage à Le Choyselat, à Parmentier, à Virey, qui ont si bien résumé des travaux antérieurs et qui ont avancé des vues originales, de celles qu'il est aisé de mettre en pratique et qui n'ont pas été puisées dans des inspirations chimériques. Nous avons rencontré dans les textes beaucoup de considérations arithmétiques, beaucoup de calculs sur les prix généraux des exploitations, sur le prix des denrées alimentaires, sur la durée de l'élève des volailles; nous avons vu osciller des moyennes depuis les chiffres les plus fabuleux en exagération jusqu'aux nombres les plus ridicules en atténuation. De tout cela que conclure? c'est que l'art de grouper les chiffres sert souvent à une conclusion qui n'est pas la meilleure. Qn'on ne nous accuse cependant pas d'avoir pour le chiffre sec une aversion décidée ; mais, en ce point, le bon sens des agriculteurs si vrai , si pratique, n'a pas besoin de démonstrations qu'il suppute mieux qu'on ne pourrait les chiffrer. Il faut le reconnaître, si toutes ces contradictions ont été notées, c'est que jusqu'à présent on a manqué de principes solides et irréfragables pour se diriger dans l'étude et dans la pratique de l'éducation lucrative des poules. En effet, le point fondamental de toute éducation lucrative est le choix convenable des animaux classés, nourris et entretenus suivant les produits qu'on en exige. Certes, vous ririez si l'on attelait à de légers tilburys ces chevaux énormes et gigantesques qui traînent les lourds haquets des brasseurs, et si l'on forçait ces chevaux presque éléphantiques à courir dans nos hippodromes avec des chevaux élancés, secs et nerveux. Eh bien ! le plus souvent il se passe dans l'éducation prétendue lucrative des volailles des choses qui ne sont pas moins contradictoires. En effet, tel s'efforce à faire pondre des poules qui n'ont aucun des signes que nous avons indiqués dans le chapitre IV ; tel autre voudra sacrifier comme poulets des animaux précieux qui donneraient en œufs des bénéfices très considérables obtenus relativement à peu de frais ; enfin, on trouvera encore quelques personnes qui voudront engraisser des poules dont la peau sera rugueuse, dure, jaunâtre, dont les pattes colorées en jaune, dont l'épiderme dur, sec, cassant, dont le plumage peu fourni semble faire un animal type de l'inaptitude à l'engraissement. Si nous avons plusieurs fois dans le cours de l'ouvrage rappelé que la coloration du plumage n'a rien de caractéristique au point de vue lucratif, soit en œufs, en chair ou en graisse, nous n'avons peut-être pas assez insisté sur les conditions des plumes. Choisissez toujours, quel que soit le produit que vous voulez obtenir, des animaux à plumes fournies, bien imbriquées, bien plantées, luisantes, douces au toucher ; recherchez toujours celles qui ne se déplument pas, qui même dans la mue sont toujours suffisamment couvertes. Considérez comme un signe d'une bonne valeur l'état lisse des pattes, la couleur rosée ou bleuâtre qu'elles peuvent présenter, la minceur de l'épiderme autour des doigts, l'implantation régulière des ongles. Ces conditions des pattes indiquent surtout, comme nous l'avons déjà dit, que la chair est tendre et qu'avec peu de soins on peut la rendre savoureuse.

Une lacune regrettable existait donc pour indiquer comment on doit se guider dans le choix des poules. En traçant ces lignes nous ne faisons que répéter ce qui a été dit par plusieurs auteurs, et notamment par Mme Cora Millet, qui dans une récente publication, rappelait que l'éducation lucrative pour les œufs; que les troupeaux de 2,000, de 3,000 volailles, avec des supputations sur le prix d'entretien et sur les chiffres de revient, n'étaient que des incertitudes. Ces doutes, disait-elle, ne pouvaient être levés et transformés en certitude qu'à la condition qu'on posséderait et qu'on ferait bien connaître les signes à l'aide desquels les poules bonnes pondeuses pourraient être reconnues.

Depuis longtemps, comme nous l'avons dit, nous étions préoccupé de cette utile idée, et nous accumulions lentement, en les contrôlant, de nombreuses observations auxquelles il est facile de se livrer journellement. A ce sujet nous avons eu besoin de certains compléments d'étude, et nous ne pouvons trop nous louer de l'empressement zélé et de la complaisance de M. Desmeure, chargé de la direction pratique de l'ancienne Faisanderie à l'Institut agronomique de Versailles. Ce praticien modeste et éclairé nous a fourni les moyens de confirmer notre observation sur les quelques races étrangères qui sont élevées à l'École d'acclimatation, nous nous empressons de lui adresser ici nos remercîments bien sincères. Nous n'oublierons pas non plus M. Renier, remplissant au Jardin des Plantes de Paris les mêmes fonctions que M. Desmeure, nous lui devons d'avoir pu étudier d'autres races étrangères qui ne se trouvent pas à Versailles.

Ainsi donc, sur nos poules communes, sur les races étrangères, nous avons vu par de simples considérations tirées de la coloration, que des signes précieux, facilement appréciables, d'une démonstration simple, existent pour révéler les qualités de la poule pondeuse. Nous avons parlé suffisamment de ces signes, revenons cependant un peu sur la relation qu'on peut y noter. C'est une opposition du blanc mat au rouge vif, et plus tard du rouge-orangé au rouge-lavé, terne et sale; en même temps que les plumes sont moins luisantes et que leur insertion autour de l'anus n'a plus lieu sous le même angle. Assurément il nous semble que rien n'est plus facile à constater que cet ensemble ; ainsi à la bonne pondeuse sont départis un oreillon d'un blanc mat, une crète rouge, vivante, raide, gonflée ; des barbillons vivement colorés, une houppe en artichaut très étalée et souvent aussi un cercle rougeâtre autour des paupières. Plus ces signes sont tranchés, nets et décidés, plus il faut croire que la production en œufs est élevée ; enfin il est certain que suivant les degrés plus ou moins intenses que présentent ces signes les poules donnent d'abondants, de moyens, de médiocres ou de nuls produits. Remarquez bien et n'oubliez jamais que ces signes ne sont bien développés que pendant la ponte. Ici pourrait s'introduire une objection dont nous allons nous empresser de faire justice. Mais, dira-t-on, si les signes dont vous parlez ne sont apparents que pendant la ponte, je peux au besoin m'en passer, et vous me faites en vérité l'effet de celui qui dit que l'opium fait dormir, parce qu'il possède une vertu dormitive qui fait dormir. Oui, sans doute, vous pouvez savoir qu'une poule est pondeuse quand vous lui voyez faire des œufs. Mais si vous avez un nombreux troupeau pouvez-vous toujours voir pondre les poules ? Assurément non. De plus, avant la ponte les signes dont nous venons de

parler commencent à se manifester faiblement.
Ces faibles indices sont déjà suffisants pour faire
établir une prévention favorable sur les volailles
qui les présentent. Ainsi, quand vers le mois de
janvier vous voyez apparaître sur le disque auriculaire quelques points blanchâtres disséminés,
vous ne tarderez pas à voir cet oreillon complètement blanc. Si la crête commence à rougir dès
les derniers jours de janvier, le plus souvent elle
sera très rouge en février et d'un rouge-écarlate
en mars, suivant que la température sera plus ou
moins basse et peu humide. Car, en général,
rien ne retarde la ponte comme l'humidité. Les
barbillons seront liés dans la distinction de la
couleur avec la crète; les changements s'y opère-
ront en même temps. Quant à l'artichaut, au
commencement de l'année le petit pinceau de
plumes situé autour de l'anus commence à s'éta-
ler, il semble plus fourni, déjà vous pouvez sup-
poser que cette poule a pondu ou qu'elle va pondre. Enfin, quand déjà vous commencez à récol-
ter une plus grande quantité d'œufs, c'est alors
qu'il faut exiger de toutes les poules qu'on voudra
considérer comme bonnes pondeuses le développement positif de toutes les qualités dont nous
venons de parler. Dès lors, si vous voulez obtenir

des œufs vous avez, en connaissant les bonnes méthodes d'alimentation, en vous rappelant surtout que la poule est granivore et herbivore, tout ce qu'il faut pour vous guider sûrement, et pour obtenir des résultats qui dorénavant ne seront plus laissés aux Dieux inconnus. Vous ne mutilerez plus cruellement de bonnes pondeuses en les prenant pour des volailles improductives. Vous ne donnerez plus à des volailles indignes, les grains coûteux pour n'avoir que le déplorable avantage d'un guano de mauvaise qualité ; enfin, aussi vous ne voudrez pas faire engraisser une poule qui est entraînée à pondre, qui donne actuellement en œufs des bénéfices que vous n'atteindrez probablement pas par un traitement à l'engrais de vingt-cinq jours. Si vous composez un troupeau en choisissant tous les animaux qui présentent ces signes, il est positif qu'avec de la vigilance, une bonne hygiène, une bonne nourriture, vous aurez certainement des résultats positifs dans l'exploitation ; de plus, ces résultats seront avantageux. Mais, si sur un troupeau de 100 poules, par exemple, il y a la moitié de mauvaises pondeuses, ne donnant par conséquent que 20 à 30 œufs par année, au lieu de 90 à 120, les 50 mauvaises pondeuses, à 30 œufs, donneront ensemble 1,500 œufs, tandis que le produit des 50 bonnes atteindra le chiffré de 6,000.

Quand vous voudrez obtenir rapidement des bénéfices en élevant des poulets, vous vous rappellerez l'adage anglais : la taille des animaux est dans le coffre à avoine, vous donnerez donc du grain, vous vous rappellerez les considérations énoncées dans le chapitre VII ; mais surtout choisissez des animaux à pattes roses, bleuâtres et à peau fine. Faites-leur subir deux phases dans l'alimentation, une première pour développer le corps, une deuxième pour rendre la chair plus savoureuse ; essayez, puisque la poule est aussi herbivore, les plantes aromatiques dont nous avons parlé, remplacez-les au besoin par d'analogues qui seraient d'une récolte plus facile, rappelez-vous à cet égard ce qui se passe pour les grives, les merles, les lapins de garenne, les lapins de choux, les moutons de prés salés, et croyez qu'il en sera pour les poulets ce qu'il en est pour ces différents animaux qui ont puisé l'amertume, la délicatesse, la suavité de leurs qualités comestibles dans la nature de l'alimentation.

Parlerons-nous des volailles à engraisser, nous sommes à trop courte distance du chapitre XI pour avoir ici quelque chose à répéter.

Rappelez-vous que les poules doivent être divisées en petits troupeaux composés d'animaux de mêmes races, afin que des querelles et des inimitiés n'entravent pas les opérations qu'on se propose de poursuivre. A ce sujet de races étrangères, répétons, comme nous en sommes convaincu, que le hasard, d'heureuses circonstances, des croisements convenables mais imprévus, un climat tempéré, une agriculture généralement riche, ont développé en France la race dite commune et favorisé son aptitude à produire des œufs, de la chair et de la graisse. Voilà que la poule cochinchinoise s'acclimate bien, elle pond en France des œufs nombreux et petits, ces œufs vraiment remarquables ont un jaune volumineux, ce qui favorise la formation d'un gros poussin dans une étroite prison. De ce fait ne peut-on pas inférer que la Dorking, la Combat dorée, l'Andalouse, la Brugeoise, pourraient être propagées, répandues, croisées soit pour développer, constituer ou augmenter une, deux ou trois aptitudes que les éleveurs recherchent pour effectuer des bénéfices. N'y a-t-il pas dans la série animale des individus chez lesquels par des croisements appropriés on peut développer l'aptitude à la production du lait, du beurre, de la viande, de la graisse, en même temps que ces espèces animales donnent par la fécondation des produits d'une valeur vénale plus ou moins considérable? Ne peut-on pas croire que les procédés d'engraissement si routiniers, si délaissés par les hommes qui ont acquis une solide réputation, basée sur des travaux pratiques, pourraient recevoir un avancement et une amélioration par des croisements? Est-il donc si difficile de penser que si l'on obtient de la viande de boucherie entrelardée, il est impossible d'arriver aux mêmes résultats chez la volaille? Qu'on ne nous accuse pas de faire trop bon marché de la différence d'organisation des animaux; mais, malgré cette diversité, en apparence si considérable, on engraisse aussi bien les carpes que les bœufs; mais par des croisements, par des modifications introduites dans l'œuf même, par l'impulsion vitale changée dès la première inspiration atmosphérique, par des impressions désormais ineffaçables on arrive à transformer les conditions d'existence de plusieurs organes. Dès lors il n'est pas impossible d'avoir des volailles entre-lardées. De cette manière on abrégerait la durée de l'engraissement, on en diminuerait le prix de revient, on rendrait la denrée plus vénale, parce qu'elle serait plus recherchée, et l'on aurait ainsi fait faire un progrès réel à l'éducation lucrative des volailles.

Nous allons donc cesser d'écrire, nous approchons de ce moment où le doute et la crainte s'emparent souvent de l'esprit des moins timides, on voudrait accumuler démonstrations sur démonstrations pour infiltrer la persuasion. On redoute de n'avoir pas été suffisamment clair, d'avoir laissé échapper des incorrections, d'avoir employé un style nuisible à l'allure des idées. Toutes ces craintes, toutes ces appréhensions, nous les éprouvons; ce sentiment nous a même empêché de livrer, dès à présent, à la publicité des études que nous avons faites sur les canards, les pigeons et les autres oiseaux de basse-cour; nous désirons contrôler encore nos observations spéciales sur ces derniers animaux, pour donner des développements plus complets et plus positifs; seulement ce qui nous rassure, c'est que les idées que nous avons émises sont fondées sur l'observation, c'est que nous n'avons négligé aucune des occasions qui nous étaient offertes de contrôler les résultats de notre observation; ce qui nous rassure encore, c'est qu'à défaut d'a-

voir pu mieux faire, nous pouvons affirmer que
notre travail a été entrepris, suivi et exécuté
avec bonne foi.

FIN

TABLE

DES CHAPITRES.

—

CHAPITRE I.

CHAPITRE II.

CHAPITRE III.

CHAPITRE IV.

CHAPITRE V.

CHAPITRE VI.

CHAPITRE VII.

CHAPITRE VIII.

CHAPITRE IX.

CHAPITRE X.

FIN DE LA TABLE

Imp. MAULDE et RENOU, rue des Fossés-St-Germain l'Auxerrois, 14.

AGRICULTURE.

MAISON RUSTIQUE [...] cinq volumes in-4° avec 2,500 [...]
    Le tome [...] (*[...] d'horticulture*), pris à part. . . . . .
JOURNAL [D'AGRICULTURE] PRATIQUE *et de jardinage*, publié sous la direct[ion]
    [de] M. R[...] par les rédacteurs de la MAISON RUSTIQUE. Une liv. de 7[...]
    in-4 [...] paraissant les 5 et 20 de chaque mois.—Un an [...]
AGRICUL[TURE] (Cours d'), par de Gasparin, 5 vol. in-8 avec gravures.
AGRICUL[TURE IRLAN]DE, ses écoles, ses pratiques, etc., par Royer, 1 v. [...]
AISNE ([Descriptio]n [e]t [l'agri]culture de[...]), par Moll, 2 vol. in-8 avec [...]
ALMANACH [DE L'AGRICULTEUR] *et du vigneron* (1852), 9° année, in-16 avec gr[...]
A[RBRES FRUITIE]RS ([Taille d]es), par Puvis, 1 vol. in-12 de [...]0 pages.. . . . .
A[NIMAU]X (Statique chimique des), et de l'emploi du SEL, par Barral, 1 v[ol.]
    in-12 . . . .
BIÈRE (Traité de la fabrication de la) par Rohart, 2 v. in-8 avec 120 gr[...]
COMPTABILITÉ AGRICOLE (Traité de), par Ed. de Grange, 1 vol. in-8. . . .
CONSEIL AUX AGRICULTEURS, par Dezeimeris, 3° édit., 1 vol. in-12 de 264 [...]
CRÉDIT FONCIER (Des institutions de), par Josseau, 1 vol. in-8. . . .
DURHAM (De la race bovine dite de), par Lefebvre Ste-Marie, in-8 [...]
MANUEL DE L'ÉDUCATEUR D'ABEILLES, par de Frarière, 1 vol. in-12 avec [...]
    — DE L'ESTIMATEUR DE BIENS-FONDS, par Noirot, 1 vol. in-12.
    — DU CULTIVATEUR DE MURIERS, par Charrel, 1 vol. in-8.
    — DE L'ÉLEVEUR D'OISEAUX DE BASSE-COUR et de lapins, 2° édit. [...]
    — DE L'ÉDUCATEUR DE VERS A SOIE, par Robinet, 1 vol. in-8 [...]
    — DU VIGNERON, par Gérard, 1 vol. in-12. . . . .

HORTICULTURE.

ALMANACH DU JARDINIER, 9° année (1852), 1 vol. in-16 avec gravures.
ARBRES FRUITIERS (De la taille des), par Puvis, 1 vol. in-12 de 2[..]
BOTANIQUE (Leçons de), par A. de St-Hilaire, 1 vol. in-8 avec planch[es]
CACTÉES (Iconographie des), par Lemaire, 8 liv. de 2 planc. col. et [...]
CAMÉLIA (Monographie du), par l'abbé Berlèse, 3° éd., 1 v. in-8 avec [...]
C[AMÉLIA] (Iconographie des), par l'abbé Berlèse, 3 v. in-fol., et se[...]
CULTURE MARAICHÈRE (Manuel pratique de), par Courtois-Gérard, 1 v.
FORÊTS (Traité de la conservation des), par Paquet, 1 vol. in-12. . . . .
HERBIER GÉNÉRAL DE L'AMATEUR, description, histoire, etc., des végétaux util[es]
    et agréables, 5 beaux vol. in-4, contenant 373 pl. en taille-douce et c[oloriées]
    au pinceau, avec texte historique et descriptif, par Ch. Lemaire.
HORTICULTEUR UNIVERSEL, présentant l'analyse raisonnée des travaux hor[ti]-
    coles français et étrangers, par MM. Camuzet, Jacques, Neuman[n],
    Pépin, Poiteau et Ch. Lemaire, 7 vol. grand in-8, contenant 300 pl. co[l.]
HORTICULTURE (Encyclopédie d'), 2° édition, 1 vol. in-4 avec 500 grav[ures]
    (5° volume de la *Maison rustique*) . . . .
HORTICULTURE (Théorie de l'), par Lindley, 1 vol. gr. in-8 avec grav[ures]
JARDINAGE (Manuel du), par Courtois-Gérard, 4° édit., 1 v. in-12 et [...]
JARDINIER DES FENÊTRES et des petits jardins, par Mᵐᵉ Millet-Robinet.
MANUEL GÉNÉRAL DES PLANTES, *arbres et arbustes*. Description et culture [de]
    25,000 plantes indigènes d'Europe, par Jacques et Hérincq, ch[...]
POMONE FRANÇAISE (La), par Lelieur, 3° édition, 1 vol. in-8 avec gr[av.]
ROSES (Centurie des plus belles), 50 liv. de 2 pl. col. avec texte. C[...]

———————————

2900   Imprimerie Maulde et Renou, rue des Fossés-Saint-Germain-l'Auxerrois [...]

www.ingramcontent.com/pod-product-compliance
Lightning Source LLC
LaVergne TN
LVHW021656060726
842527LV00003B/920